Simulation

Kontext Architektur – Grundbegriffe zwischen Kunst, Wissenschaft und Technologie

Die Digitalisierung hat den Diskurs der Architektur verändert: Dieser wird mittlerweile von einer Fülle neuer Begriffe bestimmt, die bislang entweder keine oder andere Bedeutungen im Kontext der Architekturtheorie und des architektonischen Entwurfs belegten. Seine Begrifflichkeiten und Strategien werden zunehmend durch Einflüsse geprägt, die an der Schnittstelle zu wissenschaftlichen und kulturellen Vorstellungen der modernen Informationstechnologie entstehen. Vor diesem Hintergrund stellt sich die Frage: Mit welchen praktischen und vor allem auch theoretischen Konzepten kann sich die Architektur mit diesen neuen Technologien auseinandersetzen und in einen fruchtbaren, aber ebenso kritischen Dialog treten? Kontext Architektur stellt eine Auswahl jener Begriffe zur Debatte, die im aktuellen Diskurs eine zentrale Rolle spielen. Kontext Architektur ist eine Kooperation der Zürcher Hochschule der Künste ZHdK und der Professur Hovestadt für Computer-Aided Architectural Design, ETH Zürich.

In der Reihe Kontext Architektur sind bisher erschienen:

Simulation Präsentationstechnik und Erkenntnisinstrument
ISBN 978-3-7643-8685-6

Komplexität Entwurfsstrategie und Weltbild
ISBN 978-3-7643-8687-0

Kontext Architektur
Eine Zusammenarbeit der ZHdK und der ETH Zürich

Z — hdk — Zürcher Hochschule der Künste
Zurich University of the Arts

CAAD Professur Hovestadt
ETH Zürich

Simulation

Präsentationstechnik und Erkenntnisinstrument

KONTEXT ARCHITEKTUR

Herausgegeben von Andrea Gleiniger und Georg Vrachliotis

Birkhäuser
Basel · Boston · Berlin

Umschlag- und Layoutkonzept: Bringolf Irion Vögeli GmbH, Zürich
Redaktion Beiträge Gabriele Gramelsberger, Erich Hörl und Nils Röller: Karoline Mueller-Stahl, Leipzig
Restliche Texte: Véronique Hilfiker Durand, Basel
Reproduktion und Satz: weissRaum visuelle Gestaltung, Basel

Dieses Buch ist auch in englischer Sprache erschienen: *Simulation. Presentation Technique and Cognitive Method,* ISBN 3-7643-8686-3.

Bibliografische Information der Deutschen Nationalbibliothek
Die Deutsche Nationalbibliothek verzeichnet diese Publikation in der Deutschen Nationalbibliografie; detaillierte bibliografische Daten sind im Internet über http://dnb.d-nb.de abrufbar.

Basel · Boston · Berlin
P.O. Box 133, CH-4010 Basel, Schweiz
Ein Unternehmen der Fachverlagsgruppe Springer Science+Business Media

Gedruckt auf säurefreiem Papier, hergestellt aus chlorfrei gebleichtem Zellstoff ∞

Printed in Germany

ISBN: 978-3-7643-8685-6

9 8 7 6 5 4 3 2 1 www.birkhauser.ch

EDITORIAL

«Unser Interesse an der unsichtbaren Welt liegt darin, für sie in der sichtbaren Welt eine Form zu finden, das heißt das trügerisch vertraute, sichtbare, äußere Erscheinungsbild aufzubrechen, zu zerlegen, zu atomisieren, bevor wir erneut damit umgehen können. [...] Unser Interesse ist die verborgene Geometrie der Natur, ein geistiges Prinzip und nicht primär eine äußere Erscheinungsform der Natur»[1], beschreiben Jacques Herzog und Pierre de Meuron ihr architektonisches Vorgehen. Eine solche Schilderung erscheint in Zeiten der Computersimulation in einem besonderen Licht. Begrifflichkeiten und Strategien des architektonischen Entwurfs werden zunehmend durch Einflüsse geprägt werden, die an der Schnittstelle zu wissenschaftlichen und kulturellen Vorstellungen der modernen Informationstechnologie (ent-)stehen. Da stellt sich die Frage, mit welchen praktischen und vor allem auch theoretischen Werkzeugen die Architektur mit diesen neuen Technologien interagieren und in einen fruchtbaren, aber auch kritischen Dialog treten kann.

Wie nahe Jacques Herzog und Pierre de Meuron mit der Beschreibung ihrer Arbeitsweise dem sind, was Vilém Flusser das «kalkulatorische Denken»[2] genannt hat, wird erst vor dem Hintergrund des Computers als ‹universale Maschine› deutlich. Denn das durch den Computer möglich gewordene Wechselspiel aus Analyse und Synthese weist auf eine Ebene hin, auf der es am Ende um übergeordnete Fragen in der Reflexion der Architekturproduktion geht. In Anbetracht der zunehmenden Verbreitung informationstechnologischer Denkmodelle ist es notwendig, das Verhältnis von Architektur zu Kunst, Wissenschaft und Technologie erneut kritisch zu diskutieren. Dabei geht es nicht nur um die immer wieder geforderte Standortbestimmung der Architektur an sich. Es geht vielmehr um die Grundbegriffe, über die sich die Transformationsprozesse identifizieren, reflektieren und kontextualisieren lassen, denen das architektonische Entwurfsdenken im Zeichen des durch die Informationstechnologien ausgelösten Paradigmenwechsels ausgesetzt ist.

1 Jacques Herzog und Pierre de Meuron: «Die verborgene Geometrie der Natur», in: *Sturm der Ruhe. What is Architecture?,* hrsg. vom Architekturzentrum Wien, Salzburg 2001, S. 265. Vgl. auch Vortrag gehalten von Jacques Herzog, Basel 1984, in: *Herzog & de Meuron, 1978–1988 – Das Gesamtwerk,* hrsg. von Gerhard Mack, Band 1, Basel, Boston, Berlin 1984, S. 207–211.

2 Vilém Flusser: «Digitaler Schein», in: *Digitaler Schein: Ästhetik der elektronischen Medien,* hrsg. von Florian Rötzer, Frankfurt am Main 1991, S. 152f.

Mit Blick auf die von Herzog und de Meuron angesprochene Untersuchungsmethode lässt sich denn auch fragen: «Y a-t-il voie plus évidente que de partir du visible, la forme, pour pénétrer peu à peu dans l'invisible, le caché? L'architecte doit être capable de manier des choses invisibles pour rendre visible la réalité, capable aussi de voir la réalité afin de la transformer.»[3] Das Instrument dazu ist die Computersimulation. Mit ihrer Hilfe ist es möglich geworden, Unsichtbares, noch nicht Vorhandenes oder Vorstellbares nicht nur zu visualisieren und zu präsentieren, sondern auch einer erkenntnistheoretischen Untersuchung zugänglich zu machen. Ist das nicht genau der umgekehrte Weg zur Erkenntnis, den die Computersimulation in sich birgt: im Bereich des Nicht-Sichtbaren zu beginnen und sorgfältig zur Struktur des Sichtbaren vorzudringen? Für die zunehmend computationale Wissenschaftslandschaft eröffnet diese Entwicklung hin zu einer synthetisierenden Vorgehensweise ein breites Spektrum neuer Wege der Wissensproduktion. Und das gilt eben auch für die Architektur. Was dieses methodologische Drehmoment für den architektonischen Entwurfs- und Planungsprozess im Einzelnen bedeutet, ist bei Weitem noch nicht ausgelotet. Dem Begriff der Simulation kommt indes in diesem Zusammenhang eine besondere Bedeutung zu. Und dies umso mehr, als er sich sowohl architekturhistorisch als auch im Kontext der wachsenden Bedeutung digitaler Entwurfs- und Produktionsmethoden verorten lässt.

Im Kontext der Diskussionen um die Medialisierung spielt in der Architektur der Begriff der Simulation eine wesentliche Rolle: als Illusion und Imitation, als Vor-Täuschung und Nach-Ahmung. Im Dialog mit Informationstechnologie und Computerwissenschaft allerdings hat er auch für den Architekturdiskurs eine neue Qualität bekommen: Heute verstehen wir unter Simulation vor allem die Computersimulation. Während sich Simulation bislang auf einen Darstellungs- und Präsentationsmodus bezog, verbindet sie nun die Architektur mit den Naturwissenschaften und wird zu einem methodischen und strategischen Instrument, zu einem Erkenntniswerkzeug. Die Computersimulation unterscheidet sich ontologisch vom Spektrum der traditionellen Simulationsbegriffe in der

3 Franz Oswald: «Préface», in: Pierre von Meiss: *De la forme au lieu. Une introduction à l'étude de l'architecture,* Lausanne 1986, S. 7. Dt. Ausgabe: *Vom Objekt zum Raum zum Ort. Dimensionen der Architektur,* Basel, Boston, Berlin 1994, S. 13: «Gibt es einen naheliegenderen Weg, als vom Sichtbaren, dem Objekt, auszugehen, um allmählich zum Unsichtbaren, dem Versteckten, vorzudringen? Der Architekt muß fähig sein, unsichtbare Dinge zu handhaben, um die Wirklichkeit sichtbar zu machen, fähig auch, die Wirklichkeit zu sehen, um sie zu verändern.»

Architektur. Sie ist nicht mehr nur Technik eines bildhaften Vortäuschens, sondern ganz im Sinne der modernen Naturwissenschaften technisches Instrument wissenschaftlicher Erkenntnisgewinnung. Es ist der Sprung von einer zeitlosen zu einer zeitabhängigen Technik. Es ist das temporale und prognostische Moment, das die Computersimulation von überlieferten Simulationsbegriffen der Architektur unterscheidet.

Die Computersimulation in der Architektur hat eine vergleichsweise junge Geschichte. Im Allgemeinen wird die Computersimulation dem Bereich der Informatik und angewandten Mathematik zugeordnet, die technische Entwicklung ihrer Visualisierungsmethoden ist jedoch nicht von architektonischen Aspekten zu trennen. Schon früh waren Architekten an der Entwicklung computerbasierter Darstellungsmethoden beteiligt. Vor über zwanzig Jahren nannte der ehemalige Dozent für Designwissenschaften an der Hochschule für Gestaltung Ulm, Horst Rittel, die Computersimulation einen der wichtigsten Punkte für eine Auseinandersetzung der Architekten mit dem Computer.

Mit der rasanten Entwicklung von Hardware und Software setzt sich schließlich die numerische Simulation als neue Arbeitspraktik in Wissenschaft und Forschung, Architektur und Design durch. Mittlerweile als umfassende Kulturtechnik etabliert, verändert sie zunehmend unseren Umgang mit der Welt. «Simulation» ist daher ein Grundbegriff, in dessen Definitionen die immer wieder geforderte Transdisziplinarität zum Tragen kommt. Das gilt nicht nur für die Künste, das gilt auch – und vielleicht mehr denn je – für den Dialog zwischen Architektur, Technologie und den Wissenschaften. Vor diesem Hintergrund wird deutlich, dass die Diskussion eines solchen Grundbegriffes traditionelle Diskursgrenzen von Architektur überschreitet und zunehmend durch einen intensiven Dialog mit techniktheoretischen, -philosophischen sowie wissenschaftsgeschichtlichen Bereichen gekennzeichnet ist.

Um diesem Anspruch gerecht zu werden, haben wir Autorinnen und Autoren unterschiedlicher Disziplinen ausgewählt, von denen wir annehmen, dass sie in elementarer Weise auf die Ausprägung und Auslegung dieser Begrifflichkeiten in der Architektur bereits Einfluss nehmen oder in Zukunft nehmen werden. Es sei bemerkt, dass nicht jede Disziplin berücksichtigt werden konnte, die sich konzeptionell, technologisch oder erkenntnistheoretisch mit Simulationsstrategien beschäftigt.

So haben wir beispielsweise anstelle eines Beitrags aus den derzeit noch immer populären Neurowissenschaften den Einblick in eine der frühesten und zugleich fortgeschrittensten Anwendungsgebiete numerischer Simulation vorgezogen – die Meteorologie. Die Modellierung und Simulation von Klimaszenarien, neuen Molekülen und Materialien, aber auch neuer Gebäudeformen und komplexer Geometrien sind Belege für den tief greifenden Wandel, den die Nutzung computerbasierter Simulationen zur Folge hat. Um diesen Wandel auch aus einem architektonischen Kontext heraus besser verstehen zu können, bedarf es einer vertieften und kritischen Auseinandersetzung sowohl mit historischen als auch mit zeitgenössischen Definitionen des Simulationsbegriffs.

Ausgehend von dem in der Renaissance und im Barock im Rückgriff auf die Antike sich neu bildenden Mimesis-Begriff, verfolgt der Beitrag von *Thomas Hänsli* die kunsttheoretische Auslegung der Idee der Simulation und ihre künstlerische Umsetzung seit dem 15. Jahrhundert. Vor diesem Hintergrund fragt er nach der Zuständigkeit des Simulationsbegriffs für heutige künstlerische Präsentationsweisen der Architektur, zum Beispiel der Architekturfotografie.

Dass die Adaption des Simulationsbegriffs in der architekturgeschichtlichen Entwicklung des 20. Jahrhunderts nicht nur im Sinne der Darstellung und Visualisierung stattgefunden hat, zeigt der Beitrag von *Andrea Gleiniger.* Am Beispiel medienexperimenteller Raumkonzeptionen des 20. Jahrhunderts wird deutlich, in welcher Weise sich der Begriff der Simulation in der modernen Architektur ideen- und mediengeschichtlich reflektiert und transformiert hat. In einem architekturgeschichtlichen Abriss, von El Lissitzkys Wolkenbügel bis zu digitalen Arbeiten der Gegenwart, wird die Geschichte einer zunehmend medialisierten Architektur auch als eine Geschichte der Simulation gelesen. Entscheidend ist, dass sich mit Hilfe des Begriffs der Simulation, der sich bislang im Wesentlichen auf einen Darstellungs- und Präsentationsmodus bezog, die Architektur nun auf der Ebene von Modellierungsstrategien dynamischer Prozesse einmal mehr mit naturwissenschaftlichen Erkenntnisstrategien verbinden lässt.

Im Hinblick auf eine mediengeschichtliche Reflexion von Architektur erhält die medientheoretische Vergegenwärtigung des Simulationsbegriffs ihre besondere Bedeutung. Und dies umso mehr, als, wie *Nils Röller* herausarbeitet, mittlerweile auch in den Medienwissenschaften mit «Simulation als Verstellung» und «Simulation als Modellierung» zwischen zwei traditionsreichen Auffassungen unterschieden wird. Die Künstliche Intelligenz entwickelte sich aus einem Zweig der frühen Computerwissenschaften zu einem eigenständigen, mächtigen

Wissenschaftsprogramm, das mit Blick auf die Erwartungen seines Vorhabens an seinen eigenen Ansprüchen zerbrochen ist. Ausschlaggebend für die Diskussion des Simulationsbegriffs ist jedoch, dass in diesem Zusammenhang der Wunsch formuliert wurde, mit Computersimulation komplexe Modelle wissenschaftlicher Erforschung zugänglich zu machen. An die Stelle von täuschend aussehenden Visualisierungen treten Fragen nach Prognostik. Vor diesem Hintergrund untersucht *Georg Vrachliotis,* welche Auswirkungen sich daraus für das technische Denken in der Architektur ergeben. Die damit verbundene Frage, welches architektonische Entwurfsinstrument sich aus den historischen Diskursräumen der Computersimulation hervorbringen lässt, wird zur Suche nach einem adäquaten theoretischen Zugang zu einer mehr und mehr durch Strukturwissenschaften geprägten Architekturproduktion. Eine kritische architektonische Reflexion der vorwiegend strukturellen und durch eine «Mathematik zeitlicher Vorgänge»[4] gekennzeichneten Methoden der numerischen Computersimulation erfordert in erster Linie nicht nur ein besseres Verständnis der zugrunde liegenden technischen Prinzipien. Vielmehr sind auch ein besseres Gespür für deren gesellschaftskulturelle Potenziale sowie Grenzen gefragt. Das verstärkte Eindringen der numerischen Computersimulation in Forschungszweige der Wissenschaften lässt ihr den Status einer Kulturtechnik zukommen.[5] Aus einer technikphilosophischen Perspektive fragt *Gabriele Gramelsberger* nicht nur nach der allgemeinen Verfasstheit dieser mathematischen Welten, sondern untersucht anhand bestimmter Klimasimulationen deren erkenntnistheoretischen Möglichkeitsraum. Wer sich näher mit Simulationen beschäftigen möchte, dürfe nicht an der «Oberfläche der Bildschirme hängen bleiben» – der «Blick in die Tiefen des Datenraumes» ermögliche erst eine adäquate Untersuchung dieser semiotischen Welten. Denn bereits früher wird erkennbar, dass eine solche Untersuchung auf eine weitere, übergeordnete Ebene in dieser Diskussion hinweist: auf die sich ändernden Verhältnisse innerhalb der Wechselbeziehung von Wissensproduktion und mathematischer Logik der Computersimulation. Diese im Beitrag von *Erich Hörl* diskutierte Transformation des Wissens fragt nach der epistemologischen und ontologischen Situation, welche der *computational turn* der Wissenschaften implementiert. Durch die rechnergestützten Praktiken von Modellierung und Simulation verschiebe sich nicht nur der Sinn der Wissen-

4 Carl Friedrich von Weizsäcker: *Die Einheit der Natur,* Studien, München 1971, S. 23.

5 Vgl. Walther Zimmerli: «Technologie als Kultur», in: *Braunschweiger Texte,* Hildesheim 1997.

schaft vom Deskriptiven ins Projektive. Vielmehr verändere sich auch der Status des Technischen: «Minoritäre technische Dinge» und Werkzeuge instrumenteller Vernunft werden zu einem «majoritären Gefüge», einem «neuen Milieu des Wissens und Werdens». Die Konturen dieser Entwicklungslinien auf unterschiedlichen Ebenen der Wissensproduktion, in unterschiedlichen Dimensionen des Ästhetischen und Technischen und in unterschiedlichen Disziplinen lassen einen Wandel des Simulationsbegriffs erkennen, der angesichts stetig wachsender Anwendungsmöglichkeiten der Computersimulation möglicherweise noch nicht abgeschlossen ist. Die in diesem Buch versammelten Beiträge sind der Versuch, ein facettenreiches Panorama aufzuziehen, den Grundbegriff der Simulation und die kulturhistorischen Dynamiken, welchen er unterliegt, in einen architektonischen Kontext zu stellen.

Diese Essaysammlung zum Thema «Simulation» bildet gemeinsam mit einem entsprechenden Band zum Thema «Komplexität» den Auftakt zur Reihe *Kontext Architektur.* Die Reihe hat sich die Aufgabe gestellt, architektonische Grundbegriffe zwischen Kunst, Wissenschaft und Technologie zur Diskussion zu stellen. Sie ist aus einer intensiven Zusammenarbeit der beiden Herausgeber heraus entwickelt worden. Das Profil des vorliegenden Buches hat der konstruktive Dialog mit den Autorinnen und Autoren geschärft, für deren profunde Beiträge zu diesem Buch wir an dieser Stelle herzlich danken wollen. Die Texte wurden jeweils eigens für diese Publikation verfasst.

Unser ganz besonderer Dank gilt darüber hinaus Prof. Dr. Hans-Peter Schwarz, dem Gründungsrektor der Zürcher Hochschule der Künste, und Prof. Dr. Ludger Hovestadt, Professur für Computer-Aided Architectural Design an der ETH Zürich. Ihre großzügige finanzielle Unterstützung und inhaltliche Ermutigung hat es möglich gemacht, dass unser Buchprojekt in dieser Form Gestalt annehmen konnte. Die damit einhergehende Kooperation der beiden Hochschulen reflektiert aber auch den Anspruch, Architektur, Technologie, Kunst und Wissenschaft in einen Dialog zu bringen, in dem einmal mehr die allgegenwärtige Forderung nach Transdisziplinarität einen eigenständigen Ausdruck erhält. Zur endgültigen Realisierung verholfen hat der Birkhäuser Verlag. Ganz besonders sei in diesem Zusammenhang Robert Steiger und Véronique Hilfiker Durand für das geduldige, kompetente und stets engagierte Lektorat gedankt.

Andrea Gleiniger, Georg Vrachliotis

Thomas Hänsli *

DER VORHANG DES PARRHASIUS. MIMESIS UND MEDIALITÄT BILDLICHER SIMULATION

«Der Künstler schafft nur noch Bilder von Bildern einer Wirklichkeit.»
Thomas Ruff, Interview 1994

Die wohl erste und zugleich eindrücklichste Beschreibung einer bildlichen Simulation von Wirklichkeit ist keinem Geringeren geschuldet als dem römischen Schriftsteller und Gelehrten Plinius dem Älteren (23/24–79). In dem für die Begriffsbestimmung bildlicher Simulation bedeutsamen Zeugnis berichtet Plinius von einem Wettstreit zwischen dem antiken Künstler Zeuxis von Heraclea und seinem Kontrahenten Parrhasius von Ephesus, welcher von beiden der bessere Maler sei.[1] Darin trat Zeuxis mit einem Gemälde an, auf dem Weintrauben so täuschend echt dargestellt gewesen sein sollen, dass selbst Vögel sich vom Bild der Trauben hätten beirren lassen und in Scharen herbeigeflogen seien, um sich an den Früchten zu laben. Doch Zeuxis' Triumph sollte von kurzer Dauer sein: In der Werkstatt des Parrhasius angekommen und ungeduldig, dessen scheinbar mit einem Tuch verdecktes Gemälde zu sehen, soll er ihn aufgefordert haben, das vollendete Werk zu enthüllen. Aber Zeuxis hatte sich geirrt, denn nicht ein Tuch verdeckte das Gemälde des Parrhasius, sondern das Gemälde zeigte ein Tuch in der Form eines gemalten Vorhangs. Während Zeuxis die Natur zu täuschen vermochte, täuschte Parrhasius in Zeuxis einen Künstler [Abb. 1].

Im Kern ihrer Bedeutung verweist die Legende indes nicht auf den Künstlerwettstreit, sondern auf das *Mimesis*-Prinzip in den Künsten und damit auf das grundsätzliche Verhältnis von Kunstwerk und Wirklichkeit.[2] Es war kein geringerer als Aristoteles (384–322 v. Chr.) der die Mimesis, also die Nachahmung der Natur mit den Mitteln der Kunst, zur eigentlichen Seinsbestimmung der Künste

* Mein Dank gilt den Herausgebern des vorliegenden Bandes für ihre Geduld sowie für die sehr fruchtbaren Diskussionen mit ihnen und den Mitautorinnen und -autoren. Ein besonders herzlicher Dank gilt außerdem Jens «Veit» Trimpin und Magdalena Nieslony für die großzügige Bereitstellung von Abbildungs- und Katalogmaterial und Katja Lemelsen für dessen Vermittlung.

1 Plinius d. Ä.: *Nat. Hist.*, XXXV, 64.

2 Hans Blumenberg: «Nachahmung der Natur. Zur Vorgeschichte der Idee des schöpferischen Menschen», in: *Studium generale*, 1957, Bd. 10, S. 266–283. Siehe auch Nicola Suthor: «Mimesis (Bildende Kunst)», in: *Historisches Wörterbuch der Rhetorik*, Bd. 5, hrsg. von Gerd Ueding, Tübingen 2001, Sp. 1294–1316.

Abb. 1: Johann Jacob von Sandrart (1655–98): *Zeuxis und Parrhasius*, 1675 [nach Joachim von Sandrart].

und somit zur ersten und nobelsten Aufgabe des Künstlers schlechthin erhob. Zu lesen ist das für die spätere Rezeption folgenreiche Diktum in dessen *Poetik.*[3] Obwohl im Bezug auf die tragische Dichtung formuliert, liegt nach Aristoteles das eigentliche Ziel jeglicher Künste in der Nachahmung der Wirklichkeit.[4] Im aristotelischen Sinne meint Mimesis dabei keineswegs nur die naturgetreue Nachbildung der äußeren Erscheinungsweise einer Sache im Sinne des verdoppelnden Abbilds. Vielmehr erweiterte Aristoteles das Nachzuahmende um die Kategorien des *Möglichen* und des *Wahrscheinlichen.*[5]

Die aristotelische Sicht steht damit im direkten Gegensatz zum Verdikt seines Lehrers Platon (427–347 v. Chr.). Dieser hatte die Kunst aufgrund der zweifach derivaten Seinsform des Kunstwerks als bloße ‹Nachahmung der Erscheinung der Wahrheit› noch strikt abgelehnt.[6] Das Bild selbst steht bei ihm unter dem für den späteren ästhetischen Diskurs ebenfalls folgenreichen Vorbehalt der ‹täuschenden Scheinhaftigkeit› einer nur «scheinbaren [...] jedoch nicht die Wahrheit seienden» Darstellung.[7] Platon differenziert dabei zwischen der «mímesis eikastiké», dem naturgetreuen Kopieren der Realität, und der «mímesis phantastiké», dem trugbildnerischen Abbild der Wirklichkeit.[8] Ungeachtet des platonischen Verdikts jedoch sollte die aristotelische Seinsbestimmung der Künste als Mimesis und die Parallelisierung der Künste für den kunsttheoretischen Diskurs von der Renaissance bis in die Moderne hinein folgenreich sein. Mit dem Begriff der Mimesis oder der «imitatio naturae» werden damit grundlegend die Aufgaben und Möglichkeiten des Bildes und damit auch der bildlichen Simulation formuliert. Mehr als jede andere Darstellungsform von Architektur beruht auch ihre bildliche Simulation auf dem Prinzip der Naturnachahmung.[9] Es handelt sich dabei um die möglichst getreue Darstellung einer tatsächlichen oder zukünftigen Wirklichkeit mittels ästhetischer Illusion – oder eben durch «Vor-

3 Aristoteles: *Poetik,* 1447a, 1448b. Aristoteles begründet dies in der anthropologischen Fundierung menschlicher Wahrnehmung als Mimesis und der Fähigkeit der Menschen zur Nachahmung.

4 Seneca: *Briefe an Lucilius,* VII, 65.3. Seneca verweist mit seinem Diktum «Omnis ars naturae imitatio est» (Jede Kunst ist Nachahmung der Natur) ebenfalls auf die mimetische Natur der Künste.

5 Aristoteles: *Poetik,* 1451b.

6 Platon: *Politeia,* 598a–b.

7 Ebenda. 596e.

8 Platon: *Sophistes,* 236b, 264c; Platon: *Politeia,* 602c–d. In letzterer Schrift ist Platons Kritik an der mimetischen Natur der Kunst begründet.

9 Der vorliegende Beitrag beschränkt sich auf die Diskussion des Simulationsbegriffs im Sinne einer bildlichen Darstellung von Architektur bzw. der Visualisierung ihrer Ideen und Konzepte.

Täuschung und Nach-Ahmung».[10] Die ursprüngliche Bedeutung von *simulatio* als dem «angenommenen Schein einer Sache» ist für das Verständnis der bildlichen Simulation ebenso zentral wie ihre Bedeutung als «Täuschung» oder gar «Heuchelei».[11] Die Produktivität der bildlichen Simulation liegt ebenso in ihrem mimetischen Potenzial wie in der Wirkung ihres trügerischen Scheins auf den Betrachter, der Illusion. Und so gesehen müssten sich also die Darstellungen bildlicher Simulationen an nichts Geringerem messen als am Vorhang des Parrhasius!

Die imitatio naturae als Kategorie neuzeitlicher Kunstauffassung

Spätestens die Kunst der Renaissance sollte sich dem Anspruch einer möglichst getreuen Darstellung der Wirklichkeit verschreiben. Die Voraussetzung dafür war ein fundamentaler Wandel des Bildverständnisses in der italienischen Malerei am Übergang vom Mittelalter zur Neuzeit gewesen. Die Maler des 14. Jahrhunderts, allen voran Giotto di Bondone (1267/75?–1337) und seine Nachfolger, entdeckten die Räumlichkeit in der Malerei. So sollte der Betrachter das Bild nicht mehr als ein eigengesetzliches Ordnungssystem nach mittelalterlichem Schema erleben. Vielmehr sollte er das Gesehene als Ausschnitt der Wirklichkeit begreifen und es für «verosimile», also für «wahr-scheinlich» halten; die Seherfahrung im Bild sollte sich mit derjenigen in der Wirklichkeit decken.[12]

Es war der Maler, Architekt und Biograf Giorgio Vasari (1511–1574), der die «imitatio naturae» zur obersten Forderung an den Künstler seiner Zeit und damit zum Topos frühneuzeitlicher Kunsttheorie und -produktion erhob. Nach Vasari ist das grundlegende Prinzip für die Entstehung des Werkes der «disegno». *Disegno* bezeichnet dabei die Darstellung sowohl der Idee als auch der Form des Kunstwerkes im Medium der Zeichnung und weist damit der zeichnerisch-technischen Fähigkeit des Künstlers eine wesentliche Rolle zu. Die fortwährende Übung im *disegno* sollte dabei laut Vasari zu einer steten Verbesserung und immer getreueren Abbildung im Sinne einer möglichst wirklichkeitsgetreuen Naturnachahmung führen.[13] Und so liegt auch seinen in den Jahren 1550 und

10 Vgl. das Editorial zum vorliegenden Band.

11 «Simulo», lat. «ähnlich». Zum Verständnis des Begriffs in der Antike vgl. Karl Ernst Georges: *Ausführliches Lateinisch-Deutsches Handwörterbuch,* Bd. 2, Darmstadt 1999, Lemma «simulatio, -onis», Sp. 2628–9.

12 Beredtes Zeugnis dessen ist Boccaccios Beschreibung von Giottos Kunst in seinem Kommentar zur *Divina Commedia,* siehe hierzu: Giovanni Boccaccio: *Commento alla «Divina Commedia»,* hrsg. von Domenico Guerri, Bari 1918, S. 72.

1568 (2. Ausg.) unter dem Titel *Vite de' più eccellenti pittori, scultori e architettori* erschienenen Künstlerviten die Annahme eines steten Fortschritts in der künstlerischen Entwicklung zugrunde, dessen Höhepunkt Vasari in der Kunst Michelangelos (1475–1564) sah. Vasaris *disegno* nimmt dabei terminologisch unmittelbar auf die architekturtheoretischen Schriften Leon Battista Albertis und auf Vitruv Bezug[14] und damit auf das Medium der Zeichnung als Instrument der Darstellung und des architektonischen Entwurfs.[15]

Die Rationalisierung der Mimesis: Albertis Fenster

Die entscheidende Voraussetzung für die möglichst naturgetreue Darstellung der Wirklichkeit und zugleich vielleicht wichtigste Errungenschaft der Kunst der Renaissance überhaupt war die Erfindung der Zentralperspektive.[16] Das Verdienst für ihre Entdeckung kommt dem Florentiner Architekten und Bildhauer Filippo Brunelleschi (1377–1446) und seinen beiden optischen Experimenten am Baptisterium und am Palazzo Vecchio in Florenz zu, die er in den Jahren zwischen 1410 und 1420 unternommen hatte. Für das eine der beiden Experimente malte Brunelleschi von einem festgelegten Standpunkt vor dem Hauptportal des Domes von Santa Maria del Fiore eine kleine Tafel mit der Ansicht des gegenüberliegenden Baptisteriums auf eine Weise, dass das gemalte Bild mit dem gesehenen der Wirklichkeit perspektivisch übereinstimmte. Er durchbohrte das Täfelchen in der Mitte so, dass sich das gemalte Bild von seiner Rückseite aus durch diese kleine Öffnung mit Hilfe eines davor gehaltenen Spiegels betrachten ließ.[17] Dank dieser einfachen Anordnung war es nun dem Betrachter möglich, die gemalte Darstellung des Baptisteriums mit der gesehenen Wirklichkeit zu ver-

13 Giorgio Vasari: *Le Vite de' più eccellenti pittori, scultori e architettori nella redazioni del 1550 e 1658*, hrsg. von Rosanna Bettarini und Paola Barocchi, 6 Bde., Florenz 1966–1987, Bd. IV, S. 5. Vgl. auch Wolfgang Kemp: «Disegno. Beiträge zur Geschichte des Begriffs zwischen 1547 und 1607», in: *Marburger Jahrbuch für Kunstwissenschaft*, 1974, Bd. XIX, S. 219–240.

14 Giorgio Vasari: Siehe Anm. 13, Bd. II, S. 43 sowie Giorgio Vasari: *Einführung in die Künste der Architektur, Bildhauerei und Malerei*, hrsg. von Matteo Burioni und Sabine Feser, Berlin 2006, S. 10.

15 Leon B. Alberti: *De re aedificatoria*, I, I. Vgl. hierzu auch Werner Oechslin: «Lineamenta», in: *archi*, 1999, S. 14–17.

16 Erwin Panofsky: «Die Perspektive als ‹Symbolische Form›», in: *Vorträge der Bibliothek Warburg (1924/25)*, 1927, S. 258–330; Richard Krautheimer: *Lorenzo Ghiberti* (Princeton monographs in art and archaeology, Bd. 31), Princeton ² 1970; Samuel Y. Edgerton Jr.: *The Renaissance Rediscovery of Linear Perspective*, New York 1975.

17 Zur Rekonstruktion des Experiments vgl. Samuel Y. Edgerton Jr. wie Anm. 16.

Abb. 2: Masaccio (Tommaso di Ser Giovanni di Mone Cassai, 1401– vor 1428):
Fresko der Heiligen Dreifaltigkeit, Florenz, Kirche Santa Maria Novella, ca. 1427.

gleichen und in Übereinstimmung zu bringen. Durch ihre perspektivische Konzeption stand Brunelleschis gemalte Tafel in einem vergleichbaren, proportionalen Verhältnis zur gesehenen Wirklichkeit. Als verlässliches Abbild einer real existierenden Wirklichkeit erlangte es so eine gleichsam eigene, rationale Gültigkeit. Die Zentralperspektive als nachvollziehbare geometrische Methode der rationalen Abbildung der Wirklichkeit war gefunden und damit die mittelalterliche Bildordnung abgelöst.[18]

Das vielleicht eindrücklichste Beispiel einer nach den neuartigen Grundsätzen der Zentralperspektive entworfenen Darstellungen ist das *Trinità-Fresko* des Malers Masaccio (1401– vor 1428) in der Florentiner Kirche Santa Maria Novella. In Umkehrung des von Brunelleschi erdachten Prinzips wird darin eine fiktive Kapellenarchitektur auf der Seitenschiffwand der Kirche abgebildet. Die gezeigte Kreuzigungsszene, die Heilige Dreifaltigkeit, Maria und Johannes der Täufer sowie die beiden seitlichen Stifterfiguren fügen sich ebenso nahtlos in den Bildraum ein wie in den realen Raum des Kirchenschiffs. Die korrekte perspektivische Projektion des ‹angenommenen Scheins› auf der Kirchenwand verleiht dem Geschehen ein Moment des ‹Wahrscheinlichen›, sodass der Betrachter geneigt ist, die Illusion als Wirklichkeit zu sehen. Masaccios Dreifaltigkeitsfresko in Santa Maria Novella macht sich die Produktivität der Zentralperspektive im Sinne der simulierenden, bildlichen Erweiterung eines realen architektonischen Raums zu Nutze [Abb. 2].

Die theoretische Vermittlung einer verlässlichen perspektivischen Methode ist dem Humanisten, Theoretiker, Architekten und Maler Leon Battista Alberti (1404–1472) und seinem Traktat über die Malerei unter dem Titel *Della Pittura* zu verdanken.[19] Basierend auf dem Bildverständnis etwa eines Giotto di Bondone konnte Alberti das Bild nun auch wörtlich als einen Ausschnitt der Wirklichkeit auffassen, wenn er es als eine «finestra apperta», als ein in den Raum geöffnetes Fenster, bezeichnete. Der Raum des Betrachters sollte nahtlos in den

18 Für die Bedeutung der Proportionalität perspektivischer Konstruktion vgl. Rudolf Wittkower: «Brunelleschi and ‹Proportion in Perspective›», in: *Journal of the Warburg and Courtauld Institutes,* 1953, Bd. 16, S. 275 ff. Für den obigen Zusammenhang und die von Brunelleschi verwendeten Konstruktionsmethode vgl. den Beitrag Frank Büttner: «Rationalisierung der Mimesis. Anfänge der konstruierten Perspektive bei Brunelleschi und Alberti», in: *Mimesis und Simulation,* hrsg. von Andreas Kablitz und Gerhard Neumann (Litterae, Bd. 52), Freiburg im Breisgau 1998, S. 55–87.

19 Leon Battista Alberti: «Della Pittura (1436)», in: *Opere volgari,* hrsg. von Cecil Grayson, 3 Bde., Bari 1973.

Abb. 3: Albrecht Dürer (1471–1528): *Darstellung eines perspektivischen Zeichengeräts*, aus: Vnderweysung der Messkunst mit dem Zirckel vnd richtscheyt, Nürnberg 1538[2].

Bildraum übergehen, Betrachterraum und Bildraum wurden dabei geometrisch gesehen eins. Albertis später als «costruzione legittima» bezeichnetes Verfahren bedeutete die Konstruktion der Zentralperspektive als einen orthogonalen Schnitt durch die Sehpyramide des Betrachters und damit die perfekte Analogie zum menschlichen Sehsinn.[20] Dies erlaubte ihm nicht nur eine hinlänglich genaue und praktikable Möglichkeit der perspektivisch und proportional korrekten Abbildung der Wirklichkeit im Bild. Es erlaubte umgekehrt auch die Projektion eines beliebigen, fiktiven Bildraumes in die Malfläche. Damit schaffte Alberti die Voraussetzung zur bildlichen Simulation von Raum und machte den Weg frei für Bilderfindungen, die sich nicht mehr nur an der Wirklichkeit zu orientieren hatten.[21] Albertis *finestra aperta* sollte bald zahlreiche Weiterentwicklungen finden, so zum Beispiel aus der Hand eines Leonardo da Vinci oder Albrecht Dürer [Abb. 3].

Der gesteigerte Illusionsgrad, den die Zentralperspektive ermöglichte, nahm bald Einfluss auf die bildliche Darstellung von Architektur: Nach dem Muster der *finestra aperta* wurde versucht, die Grenzen des Raums durch das gezielte Öffnen von Bildfeldern aufzulösen und den Blick des Betrachters in die Ferne zu leiten. Die Entwicklung der illusionistischen Architekturdarstellung in der Renaissance ist eng mit der Person des oberitalienischen Malers und Kupferstechers Andrea Mantegna (1430–1506) verbunden. In Diensten des Mantuaner Hofes der Gonzaga schuf er eines der ersten Werke illusionistischer Architekturdarstellung: die Camera Picta (1465–74), welche sich geschickt der Verbindung von realer Architektur und ihrer Darstellung im Fresko bedient. Die geschlossene Architektur des relativ kleinen Raumes wird in eine fiktive, illusionistische Loggienarchitektur aufgelöst, die als sprichwörtlicher Rahmen für die dargestellten Herrscherszenen am Hof der Gonzaga dient. Höhepunkt von Mantegnas Können ist die berühmte kreisförmige und nur scheinbar von Stuckwerk und Fruchtgirlanden gerahmte Deckenöffnung im Zentrum des Raums, die den Blick in den Himmel freizugeben scheint. Andere, nicht weniger berühmte Beispiele des 16. Jahrhunderts, so etwa die *Sala delle Prospettive* (1516–17) von Baldassare

20 Erwin Panofsky: «Die Erfindung der verschiedenen Distanzkonstruktionen in der malerischen Perspektive», in: *Repertorium für Kunstwissenschaften*, 1925, Bd. XLV, S. 84–86; Cecil Grayson: «L. B. Alberti's ‹costruzione legittima›», in: *Italian Studies*, 1964, Bd. 19, S. 14–27.

21 Panofsky erkennt in seinem grundlegenden Aufsatz die Bedeutung der Perspektive für die Kunst der Renaissance als «symbolische Form» im Sinne Ernst Cassirers, vgl. Panofsky: wie Anm. 16.

Peruzzi (1481–1536) in der römischer Villa Farnesina (1516–17) oder die Sala Clementina (1595) des Vatikans von Giovanni Alberti (1558–1601), machen sich die suggestiven Möglichkeiten der Quadratura-Malerei in ähnlicher Weise zu Nutze.[22]

Die Rhetorisierung des Kunstwerks und die Täuschung des Betrachters: «ti fan vedere ciò che non vedi»

Die Kunst des Barocks war es, die sich im vollen Umfang des illusionistischen Potenzials des Bildes und der Wirkung des täuschenden Scheins auf den Betrachter bedienen und sie auch theoretisch fundieren sollte. So erscheint im Jahre 1625 die programmatische Schrift *Lo inganno de gl'occhi* des Theoretikers, Malers und Architekten Pietro Accolti (1579–1642).[23] Accolti gibt darin eine Anleitung zu den geometrischen Grundlagen der Perspektive ebenso wie der optischen Wahrnehmung. Oberstes Ziel seiner Schrift ist, wie der Titel vermuten lässt, die absichtsvolle Täuschung des Betrachters. Einer der einflussreichsten Vertreter der illusionistischen Darstellung ist der Maler, Ordensarchitekt der Jesuiten und Autor eines zweibändigen Perspektiv-Lehrbuchs Andrea Pozzo (1642–1709).[24] Dessen Hauptwerk ist das Deckenfresko im Langhaus der römischen Kirche San Ignazio mit der Darstellung der *Verklärung des Heiligen Ignatius* (1688–1694).[25] Das Instrument der perspektivischen Darstellung wird darin bis an die Grenzen des Möglichen ausgereizt: Eine mehrere Geschosse überspannende Scheinarchitektur führt dabei die Gliederung des Kirchenraums derart kunstvoll weiter, dass der Übergang von der realen Architektur in die Scheinarchitektur nur schwer zu erkennen ist. Die Wirklichkeit des realen Kirchenraums setzt sich im ‹trügerischen Schein› der fiktiven Architektur fort und gibt dem Betrachter die Illusion eines nach oben hin geöffneten Kirchenraums. Pozzos Perspektiv-Traktat lässt

22 In der Vita Peruzzis berichtet Vasari nicht ohne Genuss, dass selbst Tizian der Täuschung von Peruzzis Perspektive erlegen sei: «[...] Und ich erinnere mich, wie ich Cavaliere Titian, einen höchst vortrefflichen und angesehenen Maler, zur Besichtigung dieses Werks geleitete und *er keinesfalls glauben wollte, daß es sich um Malerei handelte* [...]». Vgl. Giorgio Vasari: *Das Leben des Bramante und des Peruzzi,* hrsg. und komm. von Sabine Feser , Berlin 2007, S. 42. [Hervorh. d. Verf.].

23 Pietro Accolti: *Lo inganno de gl'occhi,* Florenz 1625 (Die Täuschung der Augen).

24 Andrea Pozzo: *Perspectiva pictorum et architectorum,* Pars I/II. Rom 1693/1700.

25 Das Fresko markiert zugleich Höhepunkt und Ende einer ganzen Reihe berühmter römischer Deckengemälde, wie Pietro da Cortonas «Divina providentia» im Palazzo Barbarini, Guercinos «Aurora» im Casino Ludovisi oder Gaullis Fresko «Triumph im Namen Jesu» im Gesù.

keinen Zweifel über die Wirkungsintention seiner Kunst aufkommen: die «inganno», die absichtsvolle Täuschung des Betrachters.[26] Als mögliche Verwendungen seiner Methode nennt er ausdrücklich Situationen, in denen die Mittel oder aber die Umstände keine gebaute Architektur erlauben, mit andern Worten: Er benennt die Simulation von Architektur im Sinne des täuschenden Scheins [Abb. 4].[27]

Es ist kein Zufall, dass ausgerechnet im Barock die Wirkung des täuschenden Scheins auf den Betrachter derart ins Interesse von Künstler und Auftraggeber geraten konnte.[28] Unter dem Einfluss barocker Rhetoriklehren sollte die Überzeugung des Betrachters, die «persuasio», zu einem Hauptanliegen von Kunsttheorie und Kunstproduktion der Zeit werden. Im Dienste dieser visuellen Überzeugung sollte die Kunst – analog zur Rede – ästhetischen Genuss und Bewunderung, «diletto» und «maraviglia», hervorrufen, aber auch Staunen und, wo es der Vermittlung des Inhalts diente, Erschütterung.[29] Und so konnte schließlich der Turiner Gelehrte der Philosophie, Poesie und Rhetorik Conte Emanuele Tesauro (1592–1675) in der Täuschung des Betrachters mithilfe der Perspektive den Beleg für das Ingenium des Künstlers sehen. Er gestand insbesondere der Perspektive aufgrund ihres Täuschungspotenzials den Status größter Scharfsinnigkeit zu: So sei die Perspektive deswegen äußerst scharfsinnig, weil sie für den Betrachter das nicht Darstellbare darzustellen vermöge: «[...] ti fan vedere ciò che non vedi.»[30]

26 Andrea Pozzo: wie Anm. 24. Pars I. Ad lectorem. «L'arte della prospettiva con ammirabile diletto inganna [...] l'occhio.» [Die Perspektivkunst täuscht mit größtem Vergnügen das Auge.]
27 Andrea Pozzo, wie Anm. 24: Pars I. Respondetur objectioni. «[...] essendo la prospettiva una mera fintione del vero.» [Die Perspektive ist eine reine Täuschung der Wirklichkeit.] Dies wird insbesondere bei der dem Langhaus angrenzenden Scheinkuppel deutlich, vgl. Andrea Pozzo: wie Anm. 24: Pars II. Fig. 64, 71, 91.
28 Vgl. den grundlegenden Beitrag von Rensselaer W. Lee: «Ut pictura poesis. The Humanistic Theory of Painting», in: *Art Bulletin,* 1940, Bd. 22, S. 197–269 sowie für die weiteren Überlegungen Thomas Hänsli: «‹Omnis in unum› – Inganno, Argutezza und Ingegno als kunsttheoretische Kategorien bei Emanuele Tesauro und Andrea Pozzo», in: *Wissensformen,* hrsg. von der Stiftung Bibliothek Werner Oechslin, Zürich 2008.
29 Francesco Bocchi: «Eccellenza del San Giorgio di Donatello (1570) », in: *Trattati d'arte del Cinquecento fra Manierismo e Controriforma,* hrsg. von Paola Barocchi, Bari 1962, S. 190 ff. Bocchi fasst mit diesen Begriffen die Wirkung der Statue des hl. Georgs von Donatello zusammen.
30 Emanuele Tesauro: *Il cannocchiale aristotelico,* Turin 1670, S. 89. «argutissime finalmente sono le optiche; lequali [...] ti fan vedere ciò che non vedi.» [Äußerst scharfsinnig ist schließlich die Perspektive, = Optiche, welche darzustellen vermag, was nicht darstellbar ist.]

Abb. 4: Andrea Pozzo (1642–1709): *Fresko der Verklärung des Heiligen Ignatius*, Rom, Kirche Sant' Ignazio, Langhaus (1688–94).

Das Ende der Mimesis oder die neue Autonomie der bildlichen Repräsentation

Die philologische Forschung der letzten Jahre weist dem ursprünglichen Begriff der Mimesis ein erweitertes semantisches Feld zu, das weit über das Verständnis einer reinen Nachahmung im Sinne des verdoppelnden Abbildens der Wirklichkeit hinausgeht.[31] Der erweiterte Begriff der Mimesis umfasst auch Kategorien wie Darstellung, Repräsentation, Ausdruck und sinnliche Vergegenwärtigung der Wirklichkeit und beschreibt so gesehen jegliches Verhältnis des Kunstwerks zur Wirklichkeit, auch und vor allem das eigenständig produktiv-schöpferische.[32] Der Begriff erweist sich für den aktuellen ästhetischen und kunsttheoretischen Diskurs wieder als operabel und wird nicht zuletzt vor dem Hintergrund einer zunehmenden Medialisierung von Architektur und der Bilder von Architektur für die begriffliche Definition ihrer bildlichen Simulation produktiv. Das Ziel bildlicher Simulation ist aus künstlerischer Sicht nicht mehr nur die nachahmende Darstellung von Architektur im Sinne eines naturgetreuen Abbildes der Wirklichkeit. Vielmehr schafft der Künstler angesichts der Flut medialer Vermittlungen von Architektur in Film, Fotografie und Fernsehen mit seinem Werk notgedrungen ein *Bild* eines medial vermittelten *Bildes der Wirklichkeit.* Erkennbar wird dieser Wandel am Beispiel der zeitgenössischen Architekturfotografie. Ausgehend vom deskriptiven Ansatz der Dokumentarfotografie ist die zeitgenössische Architekturfotografie, wie es der Künstler Thomas Struth formuliert hat, inzwischen «[...] mehr zwischen Kunst und anderen Realitäten angesiedelt als die klassischen Disziplinen [...]».[33] Das darstellende Medium Fotografie erlangt in der medial vermittelten Welt eine eigene Autonomie von der dargestellten Wirklichkeit der abgebildeten Architektur. Der Künstler schafft, wie es der Fotograf Thomas Ruff treffend formuliert hat, nicht mehr «Bilder der Wirklichkeit», sondern nur noch «Bilder von Bildern von Wirklichkeit».[34]

31 Thomas Metscher: «Mimesis», in: *Enzyklopädie der Philosophie,* Hamburg, 1999, S. 845 und Valeska von Rosen: «Nachahmung», in *Metzler Lexikon Kunstwissenschaften. Ideen, Methoden, Begriffe,* hrsg. von Ulrich Pfisterer, S. 240–244.

32 Hans-Georg Gadamer: «Wahrheit und Methode. Grundzüge einer philosophischen Hermeneutik», in: GW, Bd. 1, 1986. Gadamer schlägt in diesem Zusammenhang die Ablösung des Mimesis-Begriffes durch den Begriff der «Darstellung» vor.

33 Ludger Derenthal: «Skeptische Architekturphotographie», in: *Ansicht, Einsicht, Aussicht,* hrsg. von Monika Steinhauser, Düsseldorf 2000, S. 19–28.

Abb. 5: Jens Trimpin (*1946): *Wandloser Raum,* 2003. Acrylglas, 20x28x15 cm.

Dies gilt für jede Form künstlerischer Umsetzung von Architektur. Anlässlich der Kunst-Ausstellung *Kunst-Licht* 2004 präsentierte der Bildhauer Jens Trimpin eine Skulptur, die er nach dem gleichnamigen Gedicht des deutschen Schriftstellers Ernst Meister unter dem Titel *Wandloser Raum* (1979) geschaffen hatte.[35] Durch minimale Einschnitte in einen massiven, farblosen und transluziden Acrylglas-Kubus wird das «Verhältnis von Leere und Fülle scheinbar umgekehrt».[36] Obwohl deutlich als Werk eines Bildhauers und als Kunstobjekt erkennbar, wirkt es wie eine Repräsentation von Architektur. Das Kunstwerk macht, wie sich der Künstler selber ausdrückt, den «Anschein einer architektonischen Gegebenheit». Im Sinne des erweiterten Mimesis-Begriffes geht es also um eine sinnliche, in diesem Fall künstlerische Vergegenwärtigung von Architektur. Die bildliche Simulation von Architektur erreicht hier in letzter Konsequenz ihre eigene Stellung als Kunstobjekt [Abb. 5].

34 Ludger Derenthal, wie Anm. 33, S. 21. Analoges dürfte auch für die bildliche Simulation von Architektur als Visualisierung ihrer Ideen und Konzepte mit computergestützten Darstellungsmitteln gelten. Das Medium heißt nicht mehr Zeichnung im Sinne von Vasaris *disegno*, sondern computergenerierte Darstellung und bildgebendes Verfahren.

35 Ernst Meister: *Wandloser Raum. Gedichte*, Darmstadt, Neuwied 1979. «Ihr haltsamen | vier, ihr | Ecken der Gegend! || Ich steh | zwischen Luft, | den Atem sinnend, || indes, mir übers Haupt, | der Raum sich hebt | mit unzähligen Himmeln.»

36 Magdalena Nieslony: «Bei Licht besehen», in: *KUNST-LICHT*, hrsg. von Bernhard Knaus und Magdalena Nieslony, Freiburg im Breisgau 2004 [Ausstellungskatalog Kunst-Licht, E-Werk. Hallen für Kunst Freiburg in Breisgau 16.5.–27.6.2004]. In derselben Ausstellung wurde vom Künstler unter anderem ein Gemälde auf Plexiglas unter dem Titel *Albertis Fenster* gezeigt, welches als «programmatische Gegenposition zum neuzeitlichen illusionistischen Bildmodell» zu verstehen ist.

Andrea Gleiniger

VON SPIEGELN, WOLKEN UND PLATONISCHEN HÖHLEN: MEDIENEXPERIMENTELLE RAUMKONZEPTE IM 20. JAHRHUNDERT

Um die Mitte des Jahres 1923 beginnt der russische Architekt Lasar Morduchowitsch Lisitzkij, genannt El Lissitzky, ernsthaft mit Fotografie zu experimentieren.[1] Etwa zur gleichen Zeit, zwischen 1923 und 1925, entsteht sein spektakulärstes Architekturprojekt: der legendäre Wolkenbügel. Diese «horizontale» Hochhausvision für die Moskauer Ringstraße war das architektonische Resultat jenes *Proun* genannten Projektes «für die Erneuerung der Kunst»[2], mit dem El Lissitzky seit 1919 ein neues Verhältnis von Malerei und Architektur, von Fläche und Raum auszuloten begonnen hatte.[3] Vermutlich im Jahr 1925 entsteht eine Fotomontage, die einen dieser acht Wolkenbügel in einer realen städtebaulichen Situation zeigt, in diesem Fall auf dem Moskauer Nikitsky-Platz: Vor dem luftig retouchierten Hintergrund eines lichten blauen Himmels erhebt sich die weit auskragende Hochhausskulptur in leichter Weitwinkelperspektive und monumentalisierender Untersicht, umkreist von dem aus allen Richtungen anbrandenden Straßenverkehr [Abb. 1].

Damit ist die Dynamik des Neuen und Zukünftigen wirkungsvoll in Szene gesetzt. Die mediale Bedeutung der Postkarte suggeriert ‹Realität›. Und auch wenn diese Realität noch oszilliert zwischen dem Besonderen einer architektonischen Sehenswürdigkeit und der Alltäglichkeit einer großstädtischen Platzsituation: Das Modell des Wolkenbügels wirkt durch diese Art der (Re-)Präsentation doch schon wie dem kollektiven Gedächtnis eingeschrieben.

1 Eine gute Darstellung seines Werkes liefert u.a.: *El Lissitzky 1890–1941. Retrospektive,* [Ausstellungskatalog Hannover] Berlin 1988.

2 Proun = proekt utverzhdeniya novogo = Projekt für die Erneuerung der Kunst: «[...] und wir erkannten, dass das neue Gemälde, das aus uns wächst, nicht mehr länger ein Bild ist. Es beschreibt nichts, sondern es *konstruiert* Ausdehnungen, Flächen, Linien zu dem Zweck, ein System neuer Komposition der wirklichen Welt zu schaffen. Diesem neuen Gebäude gaben wir einen neuen Namen – *Proun.*» El Lissitzky, *Die Überwindung der Kunst* (1922), ebenda, S. 70–72.

3 Der Suprematismus wurde von Kasimir Malewitsch begründet und im Wesentlichen vertreten. Ziel war die völlige Abstraktion und Reduktion auf ‹reine› geometrische Formen, die Malewitsch dann auch mit so berühmten wie folgenreichen Bildern wie *Schwarzes Quadrat* (1915) realisierte.

Abb. 1: El Lissitzky: *Wolkenbügel für Moskau*, Fotomontage, 1924/25.

Die Vergegenwärtigung des Zukünftigen: Simulation und Fotomontage

Mit der Wahl der Fotomontage als einer zu diesem Zeitpunkt avancierten und ungewöhnlichen Visualisierungstechnik führt uns El Lissitzky vor Augen, dass die Verwendung des Simulationsbegriffs in der Architektur nicht nur Ideen-, sondern auch Mediengeschichte reflektiert. Denn noch ehe der Begriff der Simulation als Anwendungsform der digitalen Repräsentationskünste auch in der Architektur in das Gravitationsfeld von Informationstechnologie und Erkenntnistheorie gerät, wie das heute der Fall ist, ist Simulation als architektonische Repräsentation vor allem den Traditionen der Mimesis verhaftet. So verstanden verweist uns der Simulationsbegriff immer wieder auf ein Kerngeschäft der Architektur, die Aufgabe nämlich, die Konzepte und Ideen des zu Bauenden anschaulich zu vermitteln. Die Entwicklung von Architektur und architektonischem Entwurf hat ein Spektrum von Darstellungsformen und Visualisierungskonzepten hervorgebracht, in denen es darum ging, eine Vision, eine Anschauung des Zukünftigen zu vermitteln. Dieses Spektrum hat sich nicht erst mit den digitalen Visualisierungsmöglichkeiten beträchtlich erweitert, sondern bereits im Dialog mit den jeweils dominierenden neuen Wahrnehmungsweisen und technologischen Konzepten. Das gilt besonders für die seit Ende des 19. Jahrhunderts einsetzenden Prozesse der Modernisierung. Und so war es vor allem die Elektrizität, mit der die neuen technologischen Grundlagen für die mediale Erweiterung der Visualisierungs- und Thematisierungsmöglichkeiten von Architektur geschaffen wurden.

El Lissitzky ist keineswegs der Einzige und schon gar nicht der Erste, der mit den neuen Visualisierungsmöglichkeiten der Fotomontage arbeitet. Vor allem im Rahmen der im Verlauf des 19. Jahrhunderts immer wichtiger werdenden Architekturwettbewerbe gewinnt eine auf immer größere Anschaulichkeit und Überzeugungskraft drängende Visualisierungspraxis an Bedeutung.[4] Mit der Fotografie, die seit Ende des 19. Jahrhunderts mehr und mehr zum Arbeitsinstrument der Architekten wird, eröffnen sich im Wortsinne neue Perspektiven, wird insbesondere die Fotomontage zu einem Visualisierungsinstrument, das in besonderer Weise dazu angetan zu sein scheint, die Wirkung eines Entwurfs in der ‹Wirklichkeit› zu überprüfen und vorzuführen.[5]

4 Gleichzeitig verliert die farbige Architekturzeichnung an Bedeutung und wird durch «technisch maschinenmäßige Tuschezeichnungen» ersetzt, weil in den Wettbewerbsbestimmungen Farbigkeit verboten wird und Perspektiven unerwünscht sind, einer größeren Anonymität und Objektivität willen! Vgl. Winfried Nerdinger: *Die Architekturzeichnung. Vom barocken Idealplan zur Axonometrie,* München 1986, S. 16.

Wie wichtig auch für El Lissitzky gerade dieses Moment einer ‹realistischen› Projektion seiner Vision des Wolkenbügels in einem real existierenden und – zumindest scheinbar – auf die Fußgängerperspektive bezogenen städtebaulichen Zusammenhang war, wird deutlich angesichts der Kritik, die er an der vedutenhaften Vermittlungspraxis amerikanischer Wolkenkratzer-Szenarien übte, die in den 20er Jahren das magische Vorbild für die europäischen Hochhausentwürfe abgaben.[6]

Mit seiner Fotomontage des Wolkenbügels hatte El Lissitzky auf exemplarische Weise die Objektivierung des architektonisch Neuen und Zukünftigen in den Szenarien der Gegenwart und des Alltags zu demonstrieren versucht. Doch in der postkartenartigen Vergegenwärtigung des Wolkenbügels war es ihm darüber hinaus darum gegangen, eine Wahrnehmungserfahrung, nämlich die der Passanten, anschaulich ins Bild zu setzen. Allerdings können wir vermuten, dass ihm auch dieser Visualisierungsversuch noch immer unzulänglich vorkommen musste, da die von ihm angestrebte polyperspektivische Dynamisierung des architektonischen Entwurfs, die er in den Abstraktionen seiner Prounen immer wieder extemporiert hatte, in der postkartenhaften Ansicht nur unzureichend gelingen konnte. Sie geschieht vor allem auf einer symbolischen Ebene, bleibt Andeutung, verkörpert durch die zirkulierenden Verkehrsmittel, die zum Symbol der Beschleunigung der Raumwahrnehmung werden.

So avanciert die Fotomontage unter medialen und visualisierungsgeschichtlichen Vorzeichen gewesen war, so blieb sie doch in dem Sinne konventionell, als auch sie im Endeffekt nicht viel mehr liefern konnte als ein statisches

5 Eine der ersten bekannten Fotomontagen stammt von Friedrich von Thiersch aus dem Jahr 1902. Vgl. Nerdinger wie Anm. 4, S. 142 und 143. Eine besondere Bedeutung gewann die Fotomontage bei Ludwig Mies van der Rohe. Vergleiche hierzu: Andreas Lepik: «Mies und die Photomontage, 1910–38», in: *Mies in Berlin. Ludwig Mies van der Rohe. Die Berliner Jahre 1907–1938*, [Ausstellungskatalog New York/ Berlin] München u.a., 2001/ 2002, S. 324–329.

6 In einem 1928 erschienenen Beitrag für die Zeitschrift *Bauindustrie* schrieb El Lissitzky: «Unsere Beurteilung der amerikanischen Wolkenkratzer ist zweifellos einseitig. [...] [Doch] bildet sich unsere eigene Meinung danach, was wir auf Postkarten oder entsprechenden Illustrationen sehen. Gewöhnlich sind sie so aufgenommen, wie sie der von der Seite des Meeres ankommende Europäer aus der Ferne, unbeteiligt, sieht und nicht von der Straße aus, neben ihnen stehend und von unten, wie sie in Wirklichkeit vom menschlichen Auge wahrgenommen werden. Gerade in dieser Nähe verschwindet alle Kleinlichkeit der Stile, und es bleibt der mächtige Eindruck des sich verkürzenden und nach oben strebenden Baukörpers.» Zitiert nach: «Die Architektur des Stahl- und Stahlbetonrahmens», in: *El Lissitzky: Proun und Wolkenbügel, Schriften, Briefe, Dokumente.*, hrsg. von Sophie Lissitzky-Küppers, Dresden 1977, S. 70–79, hier. S. 73.

Bild, das zwar die Visionen des Zukünftigen eindringlich vor Augen zu führen wusste, nicht aber eine aus der Bewegung gewonnene Wahrnehmungserfahrung.

In diesem Zusammenhang wird es der Film sein, der neue Möglichkeiten einer Simulation von Architektur-, Raum- und Stadterfahrung eröffnet.

Beschleunigte Raumwahrnehmung: Simulation und Film

Die Möglichkeiten des Films waren früh erkannt worden.[7] Erforscht werden sie dann vor allem von der künstlerischen Avantgarde der 20er Jahre, in den Arbeiten eines László Moholy-Nagy[8] etwa, aber auch in Filmen wie *Berlin. Die Sinfonie der Großstadt* von Walter Ruttmann (1927) oder in *Der Mann mit der Kamera* von Dziga Vertov (1929).[9] Die dynamische oder wie es Walter Benjamin ausgedrückt hat, die «taktile Rezeption»[10] als genuine Annäherung an Architektur und Stadtgestalt war etwa von den Futuristen, den Kubisten oder in der Großstadtmalerei des frühen 20. Jahrhunderts zum Beispiel bei George Grosz, noch im zweidimensionalen Bild versucht worden. Aus den Möglichkeiten der kinematografischen Simulation erwachsen nun neue analytische Potenzen. Der Film wird zum Medium der dynamisierten Stadterfahrung: Mit dem Auge der Kamera werden ihre wahrnehmungspsychologischen Besonderheiten entdeckt und festgehalten. In ihrer dynamischen Visualisierung entsteht ein neues Bild von Stadt.

Dabei sind es vor allem zwei Wahrnehmungsereignisse und Raumerfahrungen, die im Mittelpunkt stehen: die Visualisierung der Bewegung als Ausdrucksform von Zeit und die Transformation und Entmaterialisierung des nächtlichen Stadtraumes durch die verschiedenen Erscheinungsformen des (bewegten) Lichts, das heißt die Erfindung der Großstadt in der Regie von Reklame, Licht

7 H.W. Jost: «Kino und Architektur», in: *Städtebau, Monatsschrift für die künstlerische Ausgestaltung der Städte nach ihren wirtschaftlichen, gesundheitlichen und sozialen Grundsätzen*, hrsg. von Theodor Goecke und Camillo Sitte, 8/9, 1916, S. 91. Wertvolle Hinweise in diesem Zusammenhang verdanke ich Martino Stierli, der mir seinen Text *«Die ‹Er-Fahrung› der Stadt. Las Vegas, Film, Automobilität»* freundlicherweise vorab zur Verfügung gestellt hat. In: Andreas Beyer, Matteo Burioni und Johannes Grave (Hrsg.): *Das Auge der Architektur. Zur Frage der Bildlichkeit in der Baukunst*, München 2008.

8 In diesem Zusammenhang sind folgende Texte von László Moholy-Nagy von Belang: *Malerei, Fotografie, Film*, Bauhausbuch Nr. 8, 1925 (Reprint Mainz 1967); *Von Material zu Architektur* hrsg. von Hans M. Wingler, mit einem Aufsatz von Otto Stelzer und einem Beitrag des Herausgebers; Faksimile der Ausg. von 1929, Mainz 1968; *Vision in motion*, Chicago 1947.

9 Zu Vertov s. auch: Lev Manovich: *The Language of New Media*, Cambridge, Mass. /London 2001.

10 Walter Benjamin: *Das Kunstwerk im Zeitalter seiner technischen Reproduzierbarkeit. Drei Studien zur Kunstsoziologie*, Frankfurt 1977 (10. Aufl.), u.a. S. 41.

Abb. 2: Erich Mendelsohn: *Broadway bei Nacht*, 1925.

und Bewegung [Abb. 2]. Und obwohl die mobile, die motorisierte Stadterfahrung zu diesem Zeitpunkt noch ein Privileg von wenigen ist, vor allem dort, wo es um die Wahrnehmung aus dem Auto geht, wird sie zu einer entscheidenden Inspirationsquelle, die sowohl die städtebaulichen Konzepte als auch die Gestaltung im Einzelnen betrifft – man denke nur an die damaligen Entwürfe für den Berliner Alexanderplatz (1929). Nach dem Zweiten Weltkrieg ist dann Realität, was die Entwürfe der 20er Jahre vorwegnahmen: Jetzt ist die individuelle Mobilität zum Massenphänomen geworden, das Auto wird in vielfältiger Weise zum Planungsparameter, und aus der wahrnehmungspsychologischen Begründung einer neuen Ästhetik wird ein Instrument der Stadt- und Planungsanalyse, das im Film und mit filmischen Mitteln seine adäquaten Ausdrucksformen findet. Das war die Grundlage für Architekten wie Robert Venturi und Denise Scott Brown, als sie um 1970 Las Vegas untersuchen. *The view from the road*[11] hatte Kevin Lynch, der sich zu diesem Zeitpunkt programmatische Gedanken über *Das Bild der Stadt* macht, einen Essay im Jahre 1964 überschrieben.[12] Und Denise Scott Brown propagiert in ihrem 1971 in *Casabella* erschienenen Text *Learning from Pop* Video und Film als Untersuchungsinstrumente im städtebaulichen Analyse- und Planungsprozess: «New analytic techniques must use film and videotape to convey the dynamism of sign architecture and the sequential experience of vast landscapes.»[13]

Aus dem Dialog zu filmischen Wahrnehmungsweisen entstehen architektonische Konzepte, die diese simulierte Stadt- und Raumerfahrung auf unterschiedliche Weise thematisieren – bis hin zu den Entwurfskonzepten eines

11 Donald Appleyard, Kevin Lynch, John R. Myer: *The view from the road,* Cambridge/Mass. 1964.

12 Kevin Lynch: *The image of the city. Cambridge,* Cambridge/Mass. 1960. *Das Bild der Stadt,* (1. Ausgabe, dt. 1965), Braunschweig, Wiesbaden 1989.

13 «In fact, space is not the most important constituent of suburban form. Communication across space is more important, and it requires a symbolic and a time element in its descriptive systems which are only slowly being devised. New analytic techniques must use film and videotape to convey the dynamism of sign architecture and the sequential experience of vast landscapes, and computers are needed to aggregate mass repeated data into comprehensible patterns.» Denise Scott Brown: «Learning from Pop», in: *Casabella,* 12, 1971, S. 359–360; «Raum ist keineswegs das wichtigste formale Element der Vorstadtzonen. Wichtiger ist die Kommunikation innerhalb des Raums, und deren Beschreibungssysteme erfordern eine symbolische sowie eine zeitliche Komponente, die erst allmählich entwickelt werden. Neue Analysetechniken müssen Film und Videoaufzeichnungen benutzen, um die Dynamik einer zeichenhaften Architektur und den rhythmischen Fluss der Wahrnehmung weiter Landschaften wiederzugeben, und Computer sind nötig, um die riesigen Mengen wiederholter Daten in verständliche Muster zu bündeln.» (Übersetzung: Ute Spengler)

Abb. 3: Robert Venturi und Denise Scott Brown: *Der ‹Strip›*, Abbildungscollage aus *Learning From Las Vegas*, 1978.

Bernard Tschumi. Dieser hatte etwa in seinen 1981/82 entstandenen *Manhattan Transcripts*[14] aus der Analogie von filmischer Wahrnehmung und Stadterfahrung anders als Scott Brown und Venturi nicht eine neue großformatige Zeichenhaftigkeit der Architektur abgeleitet. Ihm ging es vielmehr darum, die aus der Dramaturgie von Schnitt und Montage gewonnene Wahrnehmungserfahrung in räumliche Dispositionen zu überführen, in denen aus dem Verhältnis vor Sequenz und Fragment ein architektonischer Ausdruck für ‹Zeit› als Grundlage für Raumerfahrung gewonnen werden konnte.

«Learning from Las Vegas» in einer «Gesellschaft des Spektakels»: Simulation und die Medialisierung des Stadtraumes

In ihren seit Ende der 60er Jahre unternommenen mobilen, filmischen Stadtanalysen haben Scott Brown und Venturi mit ihrer Forderung Ernst gemacht. Doch anders als ein Heros der Moderne wie Le Corbusier, der das Verhältnis von Architektur und Film in einem hochartifiziellen Akt der wechselseitigen Erhellung räumlich inszenierte, wenden sich die beiden Amerikaner höchst trivialen städtischen und städtebaulichen Erscheinungen zu. Sie entdecken die *main street* in ihrer ganzen Gewöhnlichkeit, und – noch provokanter – deren Hypertrophierung im Strip von Las Vegas [Abb. 3]. Beides wird nun zu einem seriösen Untersuchungsgegenstand, um einen in seiner medialisierten Zeichenhaftigkeit entfremdeten Stadtraum in seiner möglichen Komplexität und seinen Kontextualisierungspotenzialen auszuloten. Und daraus eine neue, eigene Zeichenhaftigkeit der Architektur zu entwickeln. Die Pop Art hatte wesentlich dazu beigetragen, die Erfahrung der «Ent-fremdung» in einer kommerzialisierten Welt durch «Verfremdung» sichtbar zu machen. In den pointierten urbanen Pop-Art-Tableaus von Gruppierungen wie Archigram etwa werden die medialisierten Szenarien technologisch begründeter Zukunftsvisionen immer wieder ironisch gebrochen.

Mit Pop war der Anspruch der Moderne, die Kunst ins Leben zu überführen, gewissermaßen in ihr Gegenteil verkehrt: Nun drang das Leben in die Kunst ein. Doch das war ein Leben, das zu diesem Zeitpunkt schon als ein vermitteltes diagnostiziert und identifiziert worden war. Und die Medialisierung, die für die Avantgarden der 20er Jahre noch einen neuen Kunstanspruch begründen konnte, war mittlerweile ins Visier eines zivilisationskritischen und mindestens medienskeptischen Diskurses geraten.

14 Bernard Tschumi: *The Manhattan transcripts*, New York 1981.

Angesichts der 1967 von Guy Debord höchst kritisch ins Visier genommenen *Gesellschaft des Spektakels*[15] konnte wohl kaum etwas missverständlicher sein, als Las Vegas städtebaulich ernst zu nehmen, gar zum neuen Leitbild zu erklären[16]: den Inbegriff der totalen Überwältigung und Entfremdung in einem ausschließlich von kommerziellen Interessen und medialisierter Künstlichkeit beherrschten und gelenkten Environment, kurz: die totale Simulation.

Umso aufschlussreicher ist es, sich noch einmal zu vergegenwärtigen, dass auch der amerikanische Architekturkritiker und Städtebauhistoriker Lewis Mumford das Phänomen der Simulation im Kopf gehabt haben muss – ohne es indessen explizit zu erwähnen –, als er im letzten Kapitel seiner profunden, 1961 auf Englisch und 1963 erstmals auf Deutsch erschienenen städtebauhistorischen Darstellung *The City in history: its origins, its transformations and its prospects* (Die Stadt. Geschichte und Ausblick) den modernen Großstädter unter der Überschrift «Schatten des Erfolgs» mit unerbittlichem Blick ins Visier genommen hatte: «Er [der Großstadtbewohner, d. Verf.] lebt nicht in der wirklichen Welt, sondern in einer Schattenwelt, die jeden Augenblick mittels Papier, Zelluloid und geschickt gehandhabten Lichtern an die Wand rings um ihn projiziert wird – eine Welt, in der er durch Glas, Zellophan und Plastikhüllen von der Qual des Lebens getrennt ist. Kurzum eine Welt der gewerbsmäßigen Illusionisten und ihrer leichtgläubigen Opfer. [...] Dass das Leben die Möglichkeit zu leben bietet und nicht ein Vorwand ist, [...] das fällt dem Großstädter nicht ein. Für ihn ist die Schau die Wirklichkeit, und ‹die Schau muss weitergehen›.»[17] Mumford beschwört die Großstadt im Sinne einer fundamentalen kulturellen (Selbst-)Täuschung, in der sie zu einer bloßen Scheinwelt von Ablenkungsmanövern und Ersatzwelten verkommen ist. Zur Beschreibung dieses zivilisatorischen Zustandes, zu dem die Großstadt in der Moderne des 20. Jahrhunderts verkommen ist, feiert das Höhlengleichnis Platons seine moderne Auferstehung, korrespondierend nicht zuletzt mit Hans Blumenberg, der «die Großstadt als Wiederholung der vorzivilisatorischen Höhle mit den Mitteln der neuen Medien und Techno-

15 Guy Debord: «La Société du spectacle» (Paris 1967), in: *Œuvres*, Paris 2006. Deutsch: *Die Gesellschaft des Spektakels. Projektgruppe Gegengesellschaft*, Düsseldorf 1969. Siehe in diesem Zusammenhang auch in diesem Band: Nils Röller: «Scientia Media – Simulation zwischen den Kulturen», S. 51–61.

16 Robert Venturi, Denise Scott Brown, Steven Izenour: *Learning from Las Vegas*, Cambdrige/Mass. 1972.

17 Lewis Mumford: *The City in history: its origins, its transformations and its prospects*, London 1961; ders.: *Die Stadt. Geschichte und Ausblick*, Band 1, Darmstadt, München 1980, S. 638–640. In diesem Zusammenhang auch: *Megalopolis: Gesicht und Seele der Gross-Stadt*, Wiesbaden 1951.

logien [...]»[18] deuten wird. Der japanische Architekt Toyo Ito hat dazu eine überaus anschauliche Umsetzung in ein medialisiertes räumliches Environment geliefert: Denn bei seiner 1991 in London realisierten Ausstellungsinszenierung *Vision of Japan* handelte es sich wohl weniger um eine Visualisierung des «simulated dream of the future world», wie der Architekt selbst vermeinte.[19] In der von ihm inszenierten ‹Verschränkung der (simulierten) Räume›[20] zeigt Ito vielmehr die Simulation jener Simulation, zu der die nun vielfach beschworene, von Informationsströmen und ihrerseits ‹simulierenden› Visualisierungen entmaterialisierte, sprich: virtualisierte ‹Megalopolis› verkommen ist [Abb. 4].

Platonische Höhlen

Das Höhlengleichnis Platons ist eine der Gründungsmetaphern des europäischen Denkens und zugleich eine der Schlüsselmetaphern des Simulationsdiskurses in der Moderne. Mit der Medialisierung des Raumes, die auf der Grundlage der Elektrifizierung und der daraus resultierenden Visualisierungstechnologien und -strategien im 20. Jahrhundert stattfindet – sei es nun im Kleinen als Kunst- und Ausstellungsraum, sei es im großen Maßstab des Stadtraumes –, erfährt die platonische Höhle neue und überaus anschauliche Auslegungen.

Gleichzeitig wird diese Erfahrung eines medialisierten Raumes schon frühzeitig als eine Erfahrung seiner Entmaterialisierung und Virtualisierung beschrieben, allen voran von Moholy-Nagy[21].

18 Norbert Bolz: *Die Welt als Chaos und Simulation,* München 1992. S. 97 Bezug auf Hans Blumenberg: *Höhlenausgänge,* Frankfurt 1989.

19 Sarah Chaplin: «Cyberspace – lingering on the threshold. Architecture, Post-modernism and Difference", in: *AD* Bd. 65, Nr. 11/12, 1995, S. 32–35, S. 35.

20 Walter Benjamin: *Das Passagen-Werk,* 2 Bände, hrsg. von Rolf Tiedemann, Frankfurt am Main 1963, S. 666.

21 Zum Beispiel in: *Von Material zu Architektur;* hrsg. von Hans M. Wingler, mit einem Aufsatz von Otto Stelzer und einem Beitrag des Herausgebers; Faksimile der Ausg. von 1929, Mainz, 1968, S. 167 und S. 177. Oder auch von dem deutschen Architekten Hugo Häring in einem Text für die *bauhaus*-Zeitung im Jahr 1928: «der platz als raum im sinne der historischen stadtbaukunst existiert nicht mehr, er ist zerstört, vollkommen aufgelöst. es existiert im nachtbild nichts körperhaftes mehr [...]. die lichtquellen erscheinen frei disponiert im raum, schwebend. [...] es bestehen also überall vollkommene gegensätze zum historischen architekturplatz. auch im baustoff: licht gegen stein. eroberung des freien raumes [...].» Zit. nach: Anne Hoormann: *Lichtspiele. Zur Medienreflexion der Avantgarde in der Weimarer Republik,* München 2003, S. 253.

Abb. 4: Toyo Ito: *Visions of Japan,* Ausstellungsinstallation im Victoria & Albert Museum, London 1991.

Die durch das Licht und die Medien entmaterialisierte, «virtualisierte», in einen großformatigen Medienraum verwandelte Stadt beschäftigt die Gestalter und Künstler der klassischen Moderne. Und es ist wohl in diesem Zusammenhang kaum ein Zufall, dass Walter Benjamin in dieser Zeit das Paris des 19. Jahrhunderts als Gegenstand des *Passagenwerks* entdeckt.[22] In der von ihm so einprägsam wie materialreich beschworenen «Spiegelstadt» Paris formierten sich erstmals in hoher Konzentration die Ingredienzien der künstlichen Nacht, die das Urbane in einen magischen Illusionsraum verwandelten. Das geschah auf der Grundlage einer technischen Entwicklung, die zwar noch nicht mit (elektrischen) Medien, aber doch mit Materialien arbeitet, die wie das Glas in seinen spiegelnden Wirkungen und der Spiegel selbst das Erlebnis des Virtuellen konstituieren[23]: In den unzähligen Spiegelungen des urbanen Raumes, in dessen ‹räumlichen Verschränkungen› eine eigene artifizielle Wahrnehmungswelt, ein neuer Illusionsraum entsteht.

Damit gewinnt die Idee der Simulation vor dem Hintergrund der Industrialisierung und der Elektrifizierung ihren modernen Umriss.

Und es ist das Licht, das als künstliches Licht Möglichkeitsräume der Weltwahrnehmung und -erfahrung eröffnete, die durch die Elektrifizierung eine neue Dimension und Dynamik bekommen.[24] László Moholy-Nagy, als der unermüdliche Experimentator mit den neuen Medien, der er war, hatte das erkannt wie kaum ein anderer.[25] Dabei waren ihm vor allem zwei Dinge wichtig: die künstlerische Aneignung der neuen Medientechnologien und die wahrnehmungspsychologische Fundierung einer künstlerischen Ästhetik, in der eben diese neuen Medien und ihre Gestaltungsmöglichkeiten eine wesentliche Rolle spielen sollten.

In diesem Spannungsverhältnis von wahrnehmungspsychologischer Anamnese einer technisch beschleunigten Welt und ihrer künstlerischen Visualisierungen gewinnt der Begriff der Simulation, ohne dass er – dies sei betont – je formuliert würde, mindestens implizit ein neue, facettenreiche Bedeutung.

22 Siehe Anmerkung 20.

23 Vgl. Elena Esposito: «Illusion und Virtualität: Kommunikative Veränderungen der Fiktion», in: Werner Rammert (Hrsg.): *Soziologie und künstliche Intelligenz, Produkte und Probleme einer Hochtechnologie,* Frankfurt, New York 1995, S. 187–216, zu ‹Spiegelbildern und realen Bildern›, S. 191 ff.

24 Marshall McLuhan: *Understanding media: the extensions of man,* New York 1964; ders. mit Quentin Fiore, Koordination Jerome Agel: *The medium is the massage: an inventory of effects,* New York 1967.

25 Zu Moholy-Nagys programmatischen Aktivitäten als «Lichtner», vgl. zuletzt: Hoormann 2003 (s. Anm. 21).

Schatten und Spiegel

Ein Ort, die neuen Wahrnehmungsweisen zu thematisieren und zu inszenieren, ist schon in den 20er Jahren der Ausstellungsraum. Das aus verschiedenerlei Gründen florierende Ausstellungswesen dieser Zeit wird zum Experimentierraum der neuen Medien und der mit ihnen verbundenen Visualisierungskonzepte. Es geht dabei um neuartige Vermittlungsstrategien der modernen Gestaltungskonzepte, um Aufklärungs- und Überzeugungsarbeit.

Doch es sind nicht nur die neuen Bildmedien und Projektionsformen Fotografie, Film und Diapositiv, die in ihren räumlichen Inszenierungen auf die Analogiebildung zu Platons Höhlengleichnis zielen. Es sind – als Archetypen des Virtuellen – auch die sie in gewisser Weise vorwegnehmenden Projektionsformen: die Spiegelung und der Schatten. Mit seinem *Lichtrequisit für eine elektrische Bühne* konzipierte Moholy-Nagy in den 20er Jahren eine kinetische Versuchsanordnung, mit der er das reflektorische Spiel einer bewegten Licht- und Schattendramaturgie als Raum erzeugendes Verfahren für die Bühne auslotete und mit der Projektion abstrakter konstruktivistischer Schattenräume experimentierte.[26]

Damit sind es vor allem zwei räumliche Konfigurationen, in denen sich die wahrnehmungspsychologische Phänomenologie eines vorweggenommenen virtuellen Raumes repräsentiert: im Schattenraum der Bühne und im von reflektorischen Lichtwirkungen durchdrungenen ‹Spiegelraum› der Stadt in seinen durch die neuen Medien möglich gewordenen «Szenenverdichtungen»[27].

Der Pepsi Cola-Pavillon: «Unter lauter Spiegelbildern ...»[28]

Auf exemplarische Weise repräsentiert aus heutiger Sicht den sich seit der Mitte des letzten Jahrhunderts transformierenden Simulationsbegriff ein Projekt, das sich als programmatische Fortsetzung des durch die Moderne konstituierten Dialogs zwischen Kunst und Technologie verstand: der Pavillon, den die ameri-

26 Etwa als Teil einer Szenografie, die für eine Inszenierung von *Hoffmanns Erzählungen* an der Staatsoper im Berlin des Jahres 1928 überliefert ist: «ein versuch: aus licht und schatten raum entstehen zu lassen. u.a. wandeln sich hier die kulissen zu requisiten zu schattenerzeugung um. alles ist durchsichtig, und alle durchsichtigkeiten fügen sich zu einer überreichen, doch noch fassbaren raumgliederung.» Moholy-Nagy 1929/1968 wie Anm. 21, S. 219.

27 Ebenda, S. 175.

28 Rolf Haubl: *«Unter lauter Spiegelbildern ...». Zur Kulturgeschichte des Spiegels,* 2 Bde., Frankfurt 1991.

kanische Künstlergruppierung E.A.T. *Experiments in Art and Technology* für den amerikanischen Getränkekonzern Pepsi 1970 auf der Weltausstellung in Osaka realisierte.

Aus der Vielfalt der verschiedenen künstlerischen und technischen Attraktionen, die dieser Pavillon zu bieten hatte, sind es vor allem zwei, die für unseren Zusammenhang von Interesse sind: das verspiegelte Innere seiner Kuppel und der Nebel – oder auch die Wolke –, der die mit weißen Kunststoffelementen verkleidete Kuppel einhüllte. Mit diesen beiden Elementen, mit *mirror and fog*, repräsentieren sich am Beispiel dieses Pavillons zwei Formen der Simulation und werden in eine sinnfällige Beziehung zueinander gebracht: In der nur durch einen tunnelartigen Gang zu erreichenden Spiegelkuppel kommt es zu einer sowohl räumlich als auch technisch virtuos in Szene gesetzten Adaption der platonischen Höhle und einem publikumswirksam inszenierten Debord'schen ‹Spektakel› [Abb. 5]. Und mit dem Nebel beziehungsweise der Wolke [Abb. 6] wird eine meteorologische Formation zum Thema gemacht, die zu diesem Zeitpunkt wie keine andere zum Gegenstand der zuallererst in der Meteorologie eingesetzten Methodik geworden war: die Simulation im Sinne einer dynamischen Modellbildung als analytisches Erkenntnisinstrument zu nutzen.

Bei der nach aufwendigen Recherchen und Experimenten als aufblasbare Folie realisierten Verspiegelung handelte es sich um einen sphärischen Spiegel, der eine einzigartige optische Erfahrung versprach: «such a mirror allows the formation of ‹real images›». In der Betonung des hohen Wirklichkeitsgrades dieser Spiegeltechnologie und der damit einhergehenden, fast übergangslosen ‹Verschränkung der Räume› wird die Perfektion einer Täuschung hervorgehoben, bei der die Besucher am Ende nicht wissen, wo sie stehen: in der Welt vor oder in der Welt hinter den Spiegeln, weil: «These images look exactly like the objects they represent so that the real and image worlds cannot be distinguished. [...] the real image world and the real physical world coexist in the same space.»[29]

Die verspiegelte Kuppel in Osaka, die drei Jahre vor der von Rainer Werner Fassbinder in *Welt am Draht* inszenierten Spiegelwelt und sechs Jahre nach dessen literarischer Vorlage, dem 1964 erschienenen Science-Fiction-Roman

29 Elsa Garmire: «An Overview», in: *Pavilion, by Experiments in Art and Technology*, hrsg. von Billy Klüver, Julie Martin, Barbara Rose, New York 1972, S. 196. Dies.: «Opticals of Sperical Mirrors», ebenda, S. 243–246.

Abb. 5: E. A.T.: *Pepsi Cola-Pavillon,* Weltausstellung Osaka 1970: Innenansicht des verspiegelten Kuppelraumes; Foto: Fujiko Nakaya.

Simulacron Drei[30], entsteht, wird damit zu einer besonderen künstlerisch-technologischen Versuchsanordnung, in der nicht zuletzt der Dialog zwischen dem ‹Spektakel› und der Metapher der platonischen Höhle auf facettenreiche Weise ausgelotet wird. Aber nicht nur das:

«... breathing the atmosphere»[31]

Das Pendant der Spiegelkuppel bildete die Nebel- beziehungsweise die Wolkenskulptur, mit deren Realisierung die japanische Künstlerin Fujiko Nakaya[32] beauftragt worden war. Durch Nakaya gerät die Inszenierung des Pepsi Cola-Pavillons ins Gravitationsfeld namhafter Klimaforschung, denn als Tochter eines renommierten Physikers, Kristallologen und Meteorologen[33] ist sie nicht nur speziell an der künstlerischen Thematisierung von Wolken und Nebeln interessiert, sie verfügt auch über die entsprechenden Verbindungen zu den relevanten naturwissenschaftlichen Forschungsdisziplinen, die in diesen Jahren an vorderster Front an den Modellierungstechnologien und -szenarien der Klimaforschung arbeiten. Denn am Ende geht es auch beim Nebel um das, was schon den sphärischen Spiegel des Kuppelinneren ausgezeichnet hatte: um einen hohen Realitätsgrad und damit um einen hohen naturmimetischen Effekt.[34]

Die neuen Medientechnologien haben die simulativen Möglichkeiten im Sinne der Mimesis beträchtlich erweitert. Doch mittlerweile – in den 60er Jahren – haben wir es auch mit einem Simulationsbegriff zu tun, der sich mit der dyna-

30 Vergleiche Anm. 15, S. 51f.

31 *Pavilion 1972*, S. 41.

32 Fujiko Nakaya hat sich seither mit verschiedenen Wolkenskulpturen einen Namen gemacht. Am Ende wurde sie auch von Elizabeth Diller und Ricardo Scofidio zu Rate gezogen, als es um die Realisierung des Wolken-Pavillons anlässlich der Schweizer Landesausstellung im Jahre 2002 in Yverdon-les-Bains ging.

33 Ukichiro Nakaya, damals Professor an der Universität Tokio. Sunagawa, Ichiro: «Growth and Morphology of Crystals», in: *Forma*, Bd. 14, 1999, S. 147–166, hier: S. 159/160. www.scipress.org/journals/forma/pdf/1401/14010147.pdf.

34 Die in diesem Zusammenhang erwähnten Namen verweisen an die UCLA in Los Angeles und den dort um Morton Wurtele und später vor allem um Akio Arakawa, eine Schülerin von U. Nakaya, entstandenen Forschungskontext, in dem wesentliche Entwicklungsschritte für die Klimamodellierung vollzogen wurden. Siehe hierzu und zur Entwicklungsgeschichte des Nebels: Fujiko Nakaya: «Making of ‹Fog› or Low-Hanging Stratus Cloud» und Thomas R. Mee: «Notes and Comments on Clouds and Fog», in: *Pavilion 1972*, S. 207–223 und S. 224–227. Ferner: Paul N. Edward: «A Brief History of Atmospheric General Circulation Modeling», in: David A. Randall, Hrsg.: *General Circulation Development, Past Present and Future: The Proceedings of a Symposium in Honor of Akio Arakawa*, New York 2000, S. 67–90.

Abb. 6: E. A.T.: *Pepsi Cola Pavillon*, Weltausstellung Osaka 1970: Ansicht des Pavillons mit dem von Fujiko Nakaya kreierten Nebel; Foto: Shunk-Kender.

mischen Modellbildung verbindet, wie sie speziell der Dialog zwischen Kybernetik und Klimaforschung hervorgebracht hat.[35]

Doch nicht nur das: Gleichzeitig hatte die Auseinandersetzung mit dem immer wieder für die Architektur reklamierten Naturvorbild eine neue Dimension gewonnen und zwar sowohl aus konstruktiven und konstruktionsgeschichtlichen als auch – wie wir wissen – aus ideologischen Gründen.

Dass «nicht das Äußere der Natur zum Vorwurf der architektonischen Imagination [wird], sondern die innere Gesetzmäßigkeit der Materie, die Struktur [...]», ist zwar spätesten mit Carlo Lodoli und damit seit dem 18. Jahrhundert Bestandteil des architekturtheoretischen Diskurses um das Organische.[36] Doch in den Architektur- und Konstruktionskonzepten, wie sie etwa von Frei Otto seit den 50er Jahren des 20. Jahrhunderts entwickelt und propagiert werden, präfiguriert sich nicht nur ein neues prozessuales Entwurfsdenken, indem die Dynamiken eines wie auch immer gearteten organischen und naturanalogen Prinzips wirksam gemacht werden sollen. Sie modifizieren auch ein Mimesis-Konzept, wie es nicht zuletzt die Wolke des Pepsi Cola-Pavillons noch verfolgt hatte. Diese hatte zwar einerseits auf avancierteste Simulationstechniken und deren experimentelles Umfeld verwiesen, eben die Meteorologie und Klimaforschung – und nicht viel mehr tat am Ende auch die «Wolke», die das amerikanische Architektenpaar Elizabeth Diller und Ricardo Scofidio 2002 im schweizerischen Yverdon realisierte, wenn auch jetzt im Zeichen der Digitalisierung. Frei Otto indessen kam auf diese Weise zu einer Art von «Strukturmimetik» , in der die Konstruktionsprinzipien der Natur nicht nur ihrer Gestalt nach, sondern gemäß den inneren Gesetzmäßigkeiten der Materie ‹nachgeahmt›, simuliert werden.

Damals ging es ‹nur› um die Bauart dieser Materie, mittlerweile geht es um die Prozesse, die diese konstituieren. Und es geht noch um mehr, nämlich darum, wie sie in einer auf ihre Strukturen bezogenen mimetischen Transformation wirksam werden. Das bedeutet mehr als Visualisierung. Das bedeutet eine auch und gerade gestalterisch wirksame Erfindung.

35 Vgl. den Beitrag von Georg Vrachliotis, S. 63–81.

36 Vgl. hierzu: Hans-Peter Schwarz: «Die Mythologie des Konstruktiven. Zerstreute Gedanken zur Naturgeschichte des Konstruktiven», in: *Vision der Moderne. Das Prinzip Konstruktion*, hrsg. von Heinrich Klotz, unter Mitarbeit von Volker Fischer, Andrea Gleiniger und Hans-Peter Schwarz, [Ausstellungskatalog Deutsches Architekturmuseum Frankfurt am Main] München 1986, S. 46–55, hier: S. 47. Zur Bedeutung von Carlo Lodoli (1690–1761), vgl. auch Hanno-Walter Kruft: *Geschichte der Architekturtheorie. Von der Antike bis zur Gegenwart*, München 1985, S. 221ff.

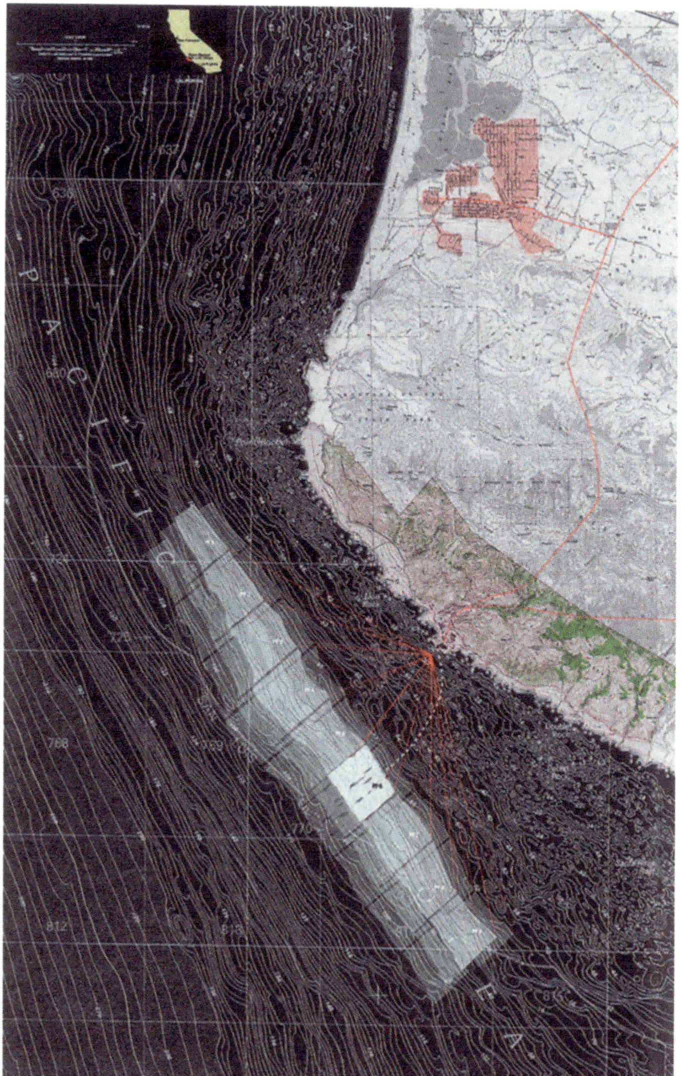

Abb. 7: Yusuke Obuchi: *Wave Garden*, Projekt, 2002.

Die Digitalisierung hat für den Begriff der Simulation einen Paradigmenwechsel ausgelöst. Zwar werden in der landläufigen Wahrnehmung vor allem diejenigen digitalen Bildbearbeitungen und Visualisierungskonzepte, welche die mimetische Tradition in virtuelle – seien es nun statische oder dynamische 2D- und 3D-Präsentationen – transformieren, mit dem Begriff der digitalen Simulation schlechthin gleichgesetzt. In Wirklichkeit ist es mittlerweile die informationstechnologische Anwendung eines prozessualen Simulationsbegriffes, die die Architektur und den architektonischen Entwurf herausfordern und verändern und dem Begriff der Computersimulation einen neuen Bedeutungshorizont verliehen haben.

Die so genannten Blob-Architekturen des vergangenen Jahrzehnts hatten versucht, dies formal zu imaginieren: Diese ästhetische Antizipation war allerdings noch keineswegs das direkte Produkt nicht linearer Entwurfsprozesse. Ihre Struktur wird vielmehr zum Ausgangspunkt für eine durchaus individuelle Visualisierung im Sinne eines traditionellen Architekturentwurfs. Doch auch mit den immer weiter reichenden Entwicklungen komplexer numerischer Simulationsmodelle und den daraus resultierenden digitalen Entwurfsinstrumentarien ergibt sich die Form keineswegs von selbst. Es eröffnen sich indessen neue Möglichkeiten, sowohl die Struktur als auch die Formerfindungen in ihrer gesamtheitlichen Komplexität zu bewältigen – und damit zu einem Formfindungsprozess zu gelangen, der mit den inneren Gesetzmäßigkeiten dieser Prozesse korrespondiert. In diesem Zusammenhang repräsentiert vielleicht ein Projekt wie das des japanischen Architekten Yusuke Obuchi interessante Perspektiven. In *Wave Garden*, einem schwimmenden Wellenkraftwerk vor der kalifornischen Küste [Abb. 7], überlagern sich die verschiedenen Aspekte der Simulation zu einer facettenreichen Versuchsanordnung: in dem sowohl formalen als auch funktionalen Dialog der Energie erzeugenden Elemente mit der Beschaffenheit des Ozeans ebenso wie in deren Gestalt und Anordnung, die gleichzeitig zum Indikator des Stromverbrauchs der Bevölkerung wird.[37] Es ist vielleicht doch kein Zufall, dass es wieder die Ursprungswissenschaften, die Ozeanografie und die Meteorologie, eines informationstechnologischen Simulationsbegriffs sind, die Stichworte für einen innovativen Entwurf geliefert haben.

37 Siehe zu diesem Projekt u. a.: *Nature Design. Von Inspiration zu Innovation*, hrsg. von Angeli Sachs, mit Beiträgen von Barry Bergdoll, Dario Gamboni und Philip Ursprung, [Ausstellungskatalog Zürich] Baden 2007, S. 66/67.

Nils Röller

SCIENTIA MEDIA – SIMULATION ZWISCHEN DEN KULTUREN

«Dient der neue Computer wirklich nur staatlichen Forschungsaufträgen?», möchte der Journalist vom Chefentwickler eines Simulationsprogramms in einer Szene wissen, die Rainer Werner Fassbinder 1973 in seinem Film *Welt am Draht* inszeniert hat.[1] Der Chefentwickler hat keinen Sinn für Fragen nach sachgerechter Nutzung technischer Mittel. Er weist stattdessen auf den Unterschied hin zwischen der Hardware des Computers und dem, was entwickelt wird: eine Modellwelt. Das Gespräch findet bezeichnenderweise in einer Tiefgarage statt. Die unterirdische Architektur kann als Hinweis auf ein spezifisch europäisches Verhältnis zur Simulation verstanden werden. Es beruht auf der Vorstellung der menschlichen Welt als Höhle, über der sich eine hellere Welt auftut. Fassbinder inszeniert diese zeitübergreifend einflussreiche Vorstellung des antiken Philosophen Platon mit den Mitteln der damaligen Film- und Fernsehtechnik. Sie ist ein Aspekt der ambivalenten Inszenierung von Simulation in seinem Film.

Der deutsche Regisseur beweist in seiner filmischen Umsetzung ein besonderes Gespür für architektonische Akzente. Fassbinder situiert das Portal des Instituts für Kybernetik und Zukunftsforschung in einer Fabriklandschaft, die den Fernsehzuschauern aus ihrer eigenen Gegenwart bekannt erscheint. Die Ansicht ist zentralperspektivisch organisiert. Schranken und Brücken bilden horizontale Linien, die Vertikalen bilden gleichförmige Bürogebäude. In diesem Institut wird eine «Welt in einer Nussschale» programmiert. So erklärt der Chefentwickler bei anderer Gelegenheit das Simulationsprogramm. Er nährt den Verdacht, dass die Welt des Instituts selber eine Simulation ist, die «von oben» programmiert wird. Dies entspricht der platonischen Konzeption: Die Welt der Höhle ist die Welt der menschlichen Existenz, die nur Schatten wahrnimmt und diese für wirklich hält. Diesen Schatten entsprechen reale Gegenstände und reale Bewegungen in einer Welt, die oberhalb der Höhle liegt. Mit diesem Gleichnis schildert Platon im siebten Buch von «Der Staat» die beschränkte Fähigkeit des

1 *Welt am Draht*. Regie: Rainer Werner Fassbinder. BR Deutschland 1973, Erstausstrahlung am 13. und 14. Oktober (99 Minuten und 105 Minuten). Danken möchte ich Otto Rössler für seine Diskussion des Films, Andrea Gleiniger und Georg Vrachliotis für die Ermunterung, wieder zu dem Thema Simulation zu arbeiten.

Menschen, Ideen zu erkennen. Er beschreibt die Ideenwelt als reich, die Welt des Menschen als defizitär.[2]

Durch Spiegelungen und gezielt eingesetzte unscharfe Aufnahmen präpariert Fassbinder die Wahrnehmung des Zuschauers so, dass dieser die Welt des Instituts als programmierte Welt des Scheins erkennen kann. Diese ästhetische Konstruktion erlaubt es, zwei verschiedene Aspekte von Simulation zu erläutern: Vor dem Hintergrund der lateinischen Begriffsgeschichte ist Simulation einerseits Verstellung. Sie operiert nicht mit dem Wesentlichen, sondern mit stellvertretenden Zeichen, die allerdings als wahr ausgegeben werden und für wahr gehalten werden, so wie die Mitglieder des Instituts oder die Bewohner der platonischen Höhle ihre Welt für wahr halten und nicht wissen, dass eine andere «wirkliche» Welt über ihnen existiert. Dieses Verständnis popularisierte Jean Baudrillard in der Medientheorie am Ende des zwanzigsten Jahrhunderts. Er disqualifizierte die mediatisierte Konsumgesellschaft als Welt der Scheinbilder «dritter Ordnung» und verknüpfte so Galouyes Roman *Simulacron Drei*, der Fassbinders Inszenierung zugrunde liegt, mit den Zyklen der abendländischen Heilsgeschichte. Andererseits entwickelt sich unabhängig davon der Simulationsbegriff in den Computerwissenschaften.

Simulation als Modellierung

Vor dem Hintergrund der Wissenschaftstheorie europäischer Emigranten führte die Computerentwicklung in den Vereinigten Staaten zu einem Verständnis von Simulation als Modellierung eines dynamischen Systems durch ein Computerprogramm. Sie dient als eine Methode zur Vorhersage von Systemverhalten. Dieses Verständnis von Simulation hat sich weitgehend in den empirisch orientierten Wissenschaften etabliert. Die frühen Protagonisten der Computerwissenschaften waren sich der Bedeutung von Simulation als Verstellung nicht bewusst. Der Wirtschaftswissenschaftler Herbert A. Simon erläutert das in «Comments on the History of ‹Simulation›»:

«An interesting use of the term ‹hand simulation› without quotes occurs twice in our [Newell and Simon] first paper (1956) on the Logic Theorist. We stated in that paper that the program was not yet running on the computer, but

2 Platon: «Der Staat», in: *Werke* IV. Griechischer Text von Louis Bodin u.a., deutsche Übersetzung von Friedrich Schleiermacher, Darmstadt 1990, [514aff.] S. 556ff.

that we had hand simulated its processes and thought we could reliably predict its behaviour. Here we are talking of people simulating a computer rather than a computer simulating people!»[3]

Die Unterscheidung zwischen «hand simulation» und «simulation» wurde von den Pionieren der Künstlichen Intelligenz damals als bedeutsam betrachtet, eine Abgrenzung von «computer simulation» und der pejorativen Verwendung des Begriffs «simulation» hielt hingegen keiner für relevant. Simon scheint diese Tradition erst 1992 bewusst zur Kenntnis genommen und mittels des Oxford English Dictionary reflektiert zu haben.

Eine gemeinsame Wurzel des Verständnisses von Simulation als Mittel der Modellierung von Systemverhalten und der Simulation als Verstellung lässt sich finden, wenn man mit Michael Friedman bedenkt, dass durch die erzwungene Emigration deutscher Philosophen eine Spaltung zwischen kontinentaler und analytischer Tradition entstanden ist.[4] Vor 1933 diskutierten Protagonisten beider Entwicklungen noch miteinander, beispielsweise Cassirer, Heidegger und Carnap 1929 in Davos. Zur Diskussion stand dabei der Status mathematischer Zeichen: Sind sie eine Möglichkeit, Bereiche wie das Unendliche jenseits der menschlichen Existenz zu erschließen? Oder sind mathematische Zeichen Mittel, mit denen sich der Mensch in seiner Sterblichkeit und Beschränktheit einrichtet? Hintergrund der Diskussionen waren Interpretationen Kants, die durch Heideggers *Sein und Zeit* (1927) und *Die Philosophie der symbolischen Formen* (1923–1929) von Ernst Cassirer vorgeschlagen worden waren.[5] Programmatisch erfasste ein Zitat von Heinrich Hertz das Programm der *Philosophie der symbolischen Formen:*

«Wir machen uns innere Scheinbilder oder Symbole der äußeren Gegenstände, und zwar machen wir sie von solcher Art, dass die denknotwendigen Fol-

3 Herbert A. Simon: Comments on the History of «Simulation» – Persönliche Bemerkung, 13. Juli 1992: «Eine interessante Verwendung des Begriffs ‹hand simulation› ohne Anführungszeichen findet sich zweimal in unserer (Newell und Simon) ersten Veröffentlichung (1956) über den Logic Theorist. Wir führten dort aus, dass das Programm noch nicht auf dem Computer lief, dass wir seine Prozesse aber handsimuliert hatten und sein Verhalten verläßlich voraussagen zu können glaubten. Hier sprechen wir von Menschen, die einen Computer simulieren, und nicht von einem Computer, der Menschen simuliert!»

4 Michael Friedman: *Carnap, Cassirer, Heidegger – Geteilte Wege,* Frankfurt am Main, 2004.

5 Ernst Cassirer: «Davoser Disputation zwischen Ernst Cassirer und Martin Heidegger» [17. März–6. April 1929], Anhang IV, in: Martin Heidegger: *Kant und das Problem der Metaphysik,* Frankfurt am Main 1991, S. 278.

gen der Bilder stets wieder die Bilder seien von den naturnotwendigen Folgen der abgebildeten Gegenstände ... Ist es uns einmal geglückt, aus der angesammelten bisherigen Erfahrung Bilder von der verlangten Beschaffenheit abzuleiten, so können wir an ihnen, wie an Modellen, in kurzer Zeit die Folgen entwickeln.»[6]

Das Zitat gibt zu kontroversen Deutungen Anlass: Es bahnte den Weg zu einem Verständnis von Simulation als Teil einer dynamischen Beziehung zwischen Theorie, Welt und Symbolen, und es schürte zugleich den Argwohn, dass Naturwissenschaften methodisch den Zugang zur Welt verstellen.

Hertz verglich Scheinbilder mit Modellen. Modellierung ließ sich damit als Produktion von Scheinbildern verstehen. Cassirer und Carnap sprachen später in der Emigration von der «production of simulacra» und erreichten damit Studenten wie Herbert A. Simon an der University of Chicago.[7] Carnap und Cassirer haben nach Friedman die wechselseitige Durchdringung von Philosophie und Naturwissenschaft in Amerika gefördert. Sie waren in einem Umfeld tätig, in dem eine «experimentelle Epistemologie» entstand.[8] Sie entwickelte sich mit den Computern. Diese boten die Möglichkeit, Logik und damit auch Aspekte der Erkenntnistheorie maschinell, d.h. empirisch zu prüfen. Damit gerieten Denkformen, die bisher der philosophischen und mathematischen Spekulation vorbehalten waren, auf den Prüfstand von Ingenieuren. Logische Schlüsse wurden nun unter den Aspekten des Zeit- und Energieverbrauchs sowie des Bedarfs an nötiger Hardware betrachtet. Die Folgerichtigkeit der «Scheinbilder» wurde nun mit Computern getestet.

Noch Anfang der 1970er Jahre waren abstrakte Zahlenreihen das Produkt dieser Simulationen. Sie wurden mit Druckern oder an «Datensichtstationen» ausgegeben. Diese waren zum damaligen Zeitpunkt überwiegend bilderfrei. So ist auch zu erklären, warum Fassbinder 1973 den Blick der Kamera auf die Monitore des Instituts vermied. Dass gegenständliche Bilder, wie sie bereits auf den Bildschirmen der Fernseher und Überwachungsmonitore zu sehen waren, auch auf dem Computer erscheinen, das war Science Fiction.

6 Heinrich Hertz: «Einleitung», in: *Die Prinzipien der Mechanik in neuem Zusammenhange dargestellt*, hrsg. von Josef Kuczera, Leipzig 1984, S. 67.

7 Herbert A. Simon stellt seinen *Models of Thought* folgende Widmung voran: «To the memory of my teachers Rudolf Carnap and Henry Schultz, who insisted that philosophy should be done scientifically and science philosophically». Herbert A. Simon: *Models of Thought*, Dordrecht 1977, S. V.

8 Warren McCulloch: *Verkörperungen des Geistes*, Wien 2000, S. 218. Amerikanische Originalausgabe: 1965.

Stattdessen zeigte der Regisseur Fernsehmonitore. Die *Welt am Draht* ist eine Welt der Schirme, die ihre Bilder in Zeilen und mit 25 Bildwechseln pro Sekunde aufbauen und nicht mit programmierten digitalen Pixeln. Fernsehen und Film eigneten sich 1973 zur medientechnischen Inszenierung der platonischen Höhle. Die Daten auf den Monitoren der Computer boten dafür zu wenig visuelle Stimuli. Ein Medientransfer lohnte sich zu diesem Zeitpunkt nicht.

Simulation als Verstellung

Jean Baudrillard begriff Simulation als Höhepunkt und Kollaps der abendländischen Tradition der Imitation und Mimesis. Gesellschaftliche Bildproduktion und computergestützte kombinatorische Prozesse führten dazu, dass die Abbilder und die Prozesse der Abbildung relevanter würden als das Abgebildete. Die abgebildete Realität war dadurch so weit geschwächt worden, dass nur noch Reste von ihr existierten. Das galt für das Zeitalter der Simulakra dritter Ordnung.[9] Baudrillard entwickelte seine Theorie der Simulation, indem er über Kartografie sprach, über Video und Reality TV, das heißt über Bildmedien, nicht über Rechner.[10] Seine Theorie beruht auf der marxistischen These der Entfremdung, welche in der Konsumgesellschaft auf die Spitze getrieben wird. Diese ist eine «Gesellschaft des Spektakels», also eine, in der visuelle Repräsentationen dominieren.[11] Baudrillard argumentierte aus einer Distanz gegenüber den Naturwissenschaften. Er vertrat eine typische Haltung der kontinentalen Philosophie und somit eine prinzipielle Skepsis gegenüber Zahlen und Berechnungen. Kennzeichnend dafür war die Auffassung von Simulation als Bild und als Verstellung, welche durch technische Artefakte prozessiert werden. Eine solche Medientheorie positioniert sich also kontrastiv zu den Naturwissenschaften und pejorativ wertend gegenüber Bildproduktion.

Die skeptische Haltung gegenüber Zahl und Berechnung fand bereits in der Zwischenkriegszeit ihren prominenten Ausdruck in der These von der «Zeit des Weltbilds». Martin Heidegger charakterisierte mit ihr die Gegenwart um 1938.

9 Jean Baudrillard: *Der symbolische Tausch und der Tod*, München 1982, S. 79f. Französische Originalausgabe: 1976.

10 Mit dem Ziel radikaler Authentizität wird das Leben der Famile Loud sieben Monate lang ununterbrochen aufgenommen. Triumphierend verkündet der Aufnahmeleiter: «Sie haben so gelebt, als ob wir nicht dabei gewesen wären.» Jean Baudrillard: *Agonie des Realen*, Berlin 1978, S. 45.

11 Guy Debord: «La Société du spectacle», in: *Œuvres*, Paris 2006. Originalausgabe: 1967.

Die Zeit des Weltbildes stand für die Zeit der Wissenschaft als Betrieb. Sie unterwarf die Welt ihren Vorstellungen. Die Welt galt dabei als etwas, das wie ein Bild betrachtet werden konnte: «Weltbild [...] meint daher nicht ein Bild von der Welt, sondern die Welt als Bild begriffen. [...] Wo es zum Weltbild kommt, vollzieht sich eine wesentliche Entscheidung über das Seiende im Ganzen. Das Sein des Seienden wird in der Vorgestelltheit des Seienden gesucht und gefunden.»[12] Das geschieht in der neuzeitlichen Wissenschaft im Experiment: «Ein Experiment ansetzen heisst: eine Bedingung vorstellen, der gemäss ein bestimmter Bewegungszusammenhang in der Notwendigkeit seines Ablaufs verfolgbar und d.h. für die Berechnung im voraus beherrschbar gemacht werden kann.»[13]

«Einrichtung» implizierte Vorhersage der Zukunft auf der Grundlage von naturwissenschaftlichen Gesetzen. Es war die Zeit der Forschung im «Betrieb».[14] Die Reduktion der naturwissenschaftlichen Praxis auf die Herstellung der Welt als Bild bedeutete: Das Bild schirmt ab. Es verhindert Wissen. Nach Heidegger verhinderte es das «Wissen, d.h. [...] [die] Wahrheit jenes Unberechenbaren».[15] Heidegger prägte den Begriff des Weltbilds so, dass darunter Berechnung, experimentelle Prozesse und die Unterwerfung der Natur subsumiert werden. Sie wurden subsumiert und zugleich als Verstellung disqualifiziert, als Bild, das den Zugang zum Sein verhindert. Heidegger deutete also Heinrich Hertz Überlegungen zur Modellierung und Produktion von Scheinbildern pejorativ.[16] Damit wurden die neuzeitliche Wissenschaft und ebenso die moderne wissenschaftliche Prognostik als Modus der Unterwerfung charakterisiert: als Bannung des Seins im Bild und durch das Bild.

12 Martin Heidegger: «Die Zeit des Weltbilds» (1938), in: Martin Heidegger: *Holzwege*, Frankfurt 1977, S. 89f.

13 Ebenda, S. 81. Zitiert in der englischen Übersetzung nach: Joseph Rouse: «Heideggers Philosophy of Science», in: *A Companion to Heidegger*, hrsg. von Hubert L. Dreyfuss und Mark A. Wrathall, Malden/USA 2005, S. 183.

14 Ebenda, S. 84f.

15 Ebenda, S. 96: «Wissen, d.h. in seine Wahrheit verwahren, wird der Mensch jenes Unberechenbare nur im schöpferischen Fragen und Gestalten aus der Kraft echter Besinnung. Sie versetzt den künftigen Menschen in jenes Zwischen, darin er dem Sein zugehört und doch im Seienden ein Fremdling bleibt.»

16 In der Auseinandersetzung mit Cassirer konnte Heidegger Hertz zur Kenntnis nehmen. Eine Besprechung von Cassirers Buch hatte Heidegger 1928 in der *Deutschen Literaturzeitung* veröffentlicht. «Besprechung: Ernst Cassirer, Philosophie der symbolischen Formen. 2. Teil: Das mythische Denken. Bruno Cassirer Verlag Berlin 1925». Neuausgabe: Martin Heidegger: *Kant und das Problem der Metaphysik*, Frankfurt 1991, S. 255–270, insb. S. 270.

Vor dem Hintergrund der Wissenschaftstheorie der damaligen Zeit verblüfft die Argumentation Heideggers. Sie erscheint als kombinatorische Meisterleistung, mit der damals gängige Argumentationen von Niels Bohr oder von Ernst Cassirer als irrelevant disqualifiziert wurden. Niels Bohr sprach in einer Reflexion über die Quantenmechanik vom «tief greifenden Versagen der raumzeitlichen Bilder».[17] Ernst Cassirer schrieb 1938 im Exil, dass bildliche Vorstellungen wie etwa Karten nicht die begriffliche Methodik der Quantenmechanik charakterisieren.[18] Diese kombinatorische Praxis Heideggers bahnte den Weg dafür, dass in Europa ein Diskurs über Simulation als Verstellung durch Bilder entstehen konnte. Dabei sollte Jean Baudrillard ein ähnliches kombinatorisches Kunststück vollbringen, wenn er später computergestützte Simulationen vor dem Hintergrund traditioneller moraltheoretischer Debatten über Heuchelei und Verstellung dachte.

Als theoriegeschichtliches Scharnier zwischen Baudrillard und Heidegger kann die «Metaphilosophie» des Soziologen und Urbanisten Henri Lefebvre angesehen werden.[19] Sie erörterte 1965, wie sich die gesellschaftliche Praxis durch «Simulierungen» verändern würde.[20] Lefebvre argumentierte als unabhängiger Marxist. Die geschichtliche Entfremdung des Menschen vom Sein ist ein zentrales Moment seiner Theoriebildung. Er ging davon aus, dass in der frühen griechischen Antike Poiesis und Praxis dasselbe waren.

Im Laufe der geschichtlichen Entwicklung haben sich Poesie und Philosophie von der gesellschaftlichen Praxis entfernt. Das hat schließlich zur Proklamation des Endes der Philosophie in Hegels Schriften geführt. Das Ende der Philosophie fiel mit einem kritischen Moment der Stadtentwicklung zusammen. Die Stadt war einmal eine lebenswerte zweite Natur.[21] Mit dem Scheitern der Kommune wurde sie zur Hölle. Sie konnte sich nicht mehr «als Gesetz und Regel der Gesellschaft, als Mass der Welt behaupten.»[22] Ähnlich divergent beschrieb

17 Bohr zitiert nach: Hermann Weyl: *Philosophie der Mathematik und Naturwissenschaft*, München 1966, S. 238. Originalausgabe: München 1926.

18 Ernst Cassirer: *Determinismus und Indeterminismus in der modernen Physik – Historische Studien zum Kausalproblem*, Darmstadt 1957, S. 292, siehe auch S. 302. Originalausgabe: Göteborg 1957.

19 Henri Lefebvre: *Metaphilosophie*, Frankfurt am Main 1975. Französische Originalausgabe: 1965.

20 Ebenda, S. 185, auch S. 187, besonders das Kapitel: «Annullierung der ‹Erkenntnistheorie› – Simulierung und Simulacrum», S. 210–218.

21 Ebenda, S. 128.

22 Ebenda

Lefebvre das Verhältnis der Moderne zur Wirklichkeit. Forschungen in Mathematik und Physik haben die Kategorien Raum und Zeit aus ihren vertrauten anschaulichen Bezügen gerissen und sie unendlich und vielfältig werden lassen. Lefebvre resümierte die Entwicklung in der Soziologie, der Naturwissenschaft und der Stadtentwicklung mit den Worten: «In allen Bereichen sind die festen und letzten ‹Grundlagen› verschwunden...»[23]

Das war die Situation, in der Heideggers Meditationen für den Marxisten relevant wurden, und zwar als Metaphilosophie. Sie erinnert an das dichterische Sprechen als Einheit von Poiesis und Praxis: «Die Sprache ist für das Sein, was das Haus für die Menschen ist.»[24] Trotz zahlreicher deutlich markierter Differenzen teilte Lefebvre die Sehnsucht Heideggers nach einer unvermittelten Annäherung an ein numinoses Sein.

Lefebvre nahm in seiner Zeit populäre Schriften der Computerwissenschaften und Kybernetik zur Kenntnis.[25] Er übernahm auch deren Verständnis von Simulation und interpretierte es vor dem geschichtlichen Hintergrund der Mimesis. Seiner fokussierten Kritik an den Grundlagen der abendländischen Erkenntnistheorie stand seine pauschale Betrachtung der Computerisierung diametral gegenüber. So konnte er im Unterschied zu anderen zeitgenössischen Beobachtern nicht das mögliche Scheitern der Forschungsrichtung der Künstlichen Intelligenz denken, sondern nahm ihren Erfolg als gewiss an. Materialen Fragen nach der Kapazität von Speichern, Prozessoren und der Problematik, Prozesse des menschlichen Gehirns analytisch zu erfassen, stellte er sich nicht. Dem auf Lefebvres Bahnen erfolgreichen Baudrillard entging dies auch. Beide Autoren zeigten eine Vorliebe für amerikanische Science-Fiction-Autoren. Deren Gedankenspiele glichen die beiden Soziologen mit der Theorie des Computers ab und nicht mit dessen Empirie. Das Ergebnis sind brillante Essays, die eine Auseinandersetzung mit Computern als «empirische Artefakte» verstellen.

Simulation zwischen den Kulturen

Das Verständnis der Simulation als Bild orientiert sich an räumlichen Vorstellungen. Es sind die Präfixe «über-», «vor-» oder «ver-», die das Verhältnis von Zeichen zur Wirklichkeit verorten. Die von Cassirer geprägte Tradition legte ein zeit-

23 Ebenda, S. 130.
24 Ebenda, S. 129.
25 Ebenda, S. 364f.

liches Verständnis dieser Präfixe nahe und damit eine Betrachtung des Verhältnisses von Simulation und Welt als einer dynamischen Wechselbeziehung. Diese Perspektive ermöglicht eine Annäherung zwischen der kontinentalen und der analytischen Tradition (Friedman), die es verdient, ausgearbeitet zu werden.

Das derzeit wachsende Interesse an der Wissenschaftsgeschichte in der Kunst- und Medientheorie ist ein Indiz für die Wiederentdeckung dieser Triade und insbesondere ihrer zeitlichen Dimension. Hansjörg Rheinbergers Theorie der epistemischen Dinge lenkt den Blick auf Detailstudien.[26] In ihnen wird deutlich, dass wissenschaftliche Praktiken lokal differieren und spezifischen Zeitlichkeiten unterliegen. Rheinberger betont die Koexistenz unterschiedlicher Zeitlichkeiten, wenn er beispielsweise auf politisch bedingte Verzögerungen und Beschleunigungen im Aufbau biologischer Zuchtverfahren hinweist.[27] Der Wissenschaftshistoriker plädiert für die Betrachtung einzelner raumzeitlicher «Flicken», die durch individuelle Temporalitäten gekennzeichnet sind.[28] Sie lassen sich nicht als Hinweis auf eine überblickbare historische Entwicklung deuten. Die Zukunft der wissenschaftlichen Zurichtung der Natur ist deshalb ungewiss und nicht klar prognostizierbar.

Vergleichbar argumentierte Herbert A. Simon in den *Wissenschaften vom Künstlichen.* Die Zunahme analytischer Methoden und Rechnerkapazitäten führe nicht zu einer besseren Sicht in die Zukunft, sondern berge Instabilitäten. Diese führten zu «Zeitlöchern», die eine Herrschaft der Rationalität über die Gegenwart hinaus unwahrscheinlich werden lassen.[29] Simon entwickelte vor diesem Hintergrund seine These von der beschränkten Rationalität der wirtschaftlichen Subjekte. Diese wird zwar durch externe Speicher und Prozesse des Computers erweitert, doch auch der Computer unterliegt Grenzen der Berechenbarkeit.[30] Simon plädierte für eine Untersuchung des Computers als empirisches Artefakt, in anderen Worten dafür, den Computer als etwas zu begreifen, das einerseits Zeit

26 Hans-Jörg Rheinberger: *Experimentalsysteme und epistemische Dinge – Eine Geschichte der Proteinsynthese im Reagenzglas,* Frankfurt am Main 2006, S. 90: «Epistemische Dinge sind somit inhärent historische Dinge [...].» Originalausgabe: Göttingen 2001.

27 Hans-Jörg Rheinberger: «Ephestia: Alfred Kühns experimenteller Entwurf einer entwicklungsphysiologischen Genetik 1924–25», in: Ders.: *Epistemologie des Konkreten,* Franfurt am Main 2006, S. 114–130.

28 Hans-Jörg Rheinberger: *Experimentalsysteme,* S. 285ff.

29 Herbert A. Simon: *Die Wissenschaften vom Künstlichen,* Berlin 1990, S. 138. Englische Ausgabe: Herbert A. Simon: *The Sciences of the Artificial,* Cambridge/Mass. [2] 1981, S. 185.

30 Ebenda, S. 101f; englische Ausgabe S. 137.

und Energie verbraucht und andererseits zugleich Formen der Zeitgestaltung verändert.[31] Diese Erweiterung der beschränkten Rationalität führt zu wachsender Instabilität, da die wirtschaftlichen Subjekte über eine größere Auswahl an Entscheidungsmöglichkeiten verfügen. So werden Planungen zusätzlich destabilisiert.[32] Die Betonung von zeitlichen Diskrepanzen und Stockungen in der jüngeren Wissenschaftsgeschichte wie auch in Simons *Wissenschaften des Künstlichen* lässt sich als Plädoyer für Veränderungen in der sprachlichen Orientierung der Medientheorie verstehen. Sie orientiert sich nicht mehr vorrangig an räumlichen Kategorien, sondern an zeitlichen, wenn sie technische Artefakte als Problem und Chance zeitlicher Gestaltung wahrnimmt. Eine solche Medientheorie sucht die Wechselwirkung mit naturwissenschaftlichen und empirischen Praktiken der Zeitgestaltung in den Computerwissenschaften.

Unter dem Begriff «Scientia Media» wurde in der frühen Neuzeit über Vorhersagbarkeit debattiert.[33] Der damalige Kontext war ein theologischer, nämlich die Vorherbestimmung der Welt durch einen allwissenden und planenden Gott. Ein «mittleres Wissen» ist heute unter anderen Bedingungen wieder wünschenswert. Es könnte sich den Freiheitsgraden widmen, die im empirischen Umgang mit Technik möglich sind. Es steht zwischen dem Wissen um Naturgesetze, die für technische Artefakte wie Computer ebenso gelten wie für Menschen, und der Freiheit der Science-Fiction, sich mögliche Umgangsformen mit der Technik auszudenken. Ein mittleres Wissen zwischen Science und Science-Fiction beruht auf der Annahme, dass Symbole und Artefakte, welche Symbole prozessieren, über eigene Zeitlichkeiten verfügen. Eine solche «Eigenzeit» hat Fassbinder in der *Welt am Draht* optisch unsichtbar, aber gleichwohl wahrnehmbar entstehen lassen. An zwei Abenden fordert er insgesamt 204 Minuten die Aufmerksamkeit der Zuschauer. Aufnahmen von kreischenden Reifen in einer Tiefgarage wechselt er ab mit rasant beschleunigten und allmählich sich verlangsamenden Kameraführungen, die vor Spiegeln innehalten. Durch betonte Dauer und akzentuierte Plötzlichkeiten wird die zeitliche Wahrnehmung der Zuschauer so moduliert, dass diese die Programmiertheit der «Welt» zwar empfinden müssen, aber

31 Ebenda, S. 16f; englische Ausgabe: S. 22.

32 Ebenda, S. 35; englische Ausgabe: S. 47.

33 Thomas P. Flint: «Omniscience», in: *Routlege Encyclopedia of Philosophy*, hrsg. von Edward Craig, New York 1998, Bd. 7, S. 107–112.

zugleich merken, dass trotzdem Freiräume bestehen, zum Beispiel um Zeit zu dehnen oder zu straffen. Die Beschäftigung mit den Temporalitäten der Simulation forderte schon damals eine besondere Dramaturgie. Sie gilt es heute, in Zeiten der Bildwissenschaften, wieder zu aktivieren.

Georg Vrachliotis

FLUSSERS SPRUNG. SIMULATION UND TECHNISCHES DENKEN IN DER ARCHITEKTUR

Technisches Denken umfasst nicht nur die Gesamtheit unserer «technisch-wissenschaftlichen Kultur», sondern auch die «Möglichkeiten architektonischen Denkens und Produzierens».[1] «Bedeutet dies doch», so der Architekt Bruno Reichlin, «zuallererst nach den sogenannten ‹Techniken› zu fragen, die jenem Denken inhärent sind, das Architektur konzipiert und projektiert».[2] Aus einer erweiterten architektonischen Perspektive skizziert Reichlin die begrifflichen Konturen der kulturhistorischen Doppelgestalt des «technischen Denkens». Angesichts der gegenwärtigen Ausbreitung von «mathematischen Welten wissenschaftlicher Simulationen»[3] ist es angebracht, aus diesen Konturen heraus, auch die Wechselbeziehungen von Computersimulation und Architektur zu betrachten. Neben der allgemeinen Frage, welchen kulturellen Einfluss die Simulation auf das technische Denken der Architektur hat, wird im Folgenden gefragt: Welches architektonische Entwurfsinstrument lässt sich aus den historischen Diskursräumen der Computersimulation hervorbringen?

Computersimulation, mittlerweile als eigenständige Kulturtechnik etabliert, verändert zunehmend unseren Umgang mit der Welt.[4] Die numerische Simulation zukünftiger Klimaszenarien, neuer Molekülstrukturen, aber auch optimierter Gebäudeformen, Verhaltensweisen komplexer Tragwerke oder Prozesse nichtlinearer Strömungsmechanismen sind Belege für den tief greifenden Wandel, den die Nutzung von Computersimulationen zur Folge hat. Computersimulationen als eine Form von Kulturtechnik zu begreifen setzt die Erkenntnis voraus, dass die Produktion von Wissen einerseits selbst eine Art Wissenstechnik darstellt, und andererseits, dass Wege der Wissensproduktion auf eine bestimmte

1 Bruno Reichlin: «Architektur und Technisches Denken», in: *Daidalos Berlin Architectural Journal*, Ausgabe 18, Berlin 1983, S. 12.

2 Ebenda.

3 Gabriele Gramelsberger: «Das epistemische Gewebe simulierter Welten. Versuch einer Narratologie wissenschaftlicher Simulationen», im vorliegenden Band, S. 83–91.

4 Walther Zimmerli schreibt beispielsweise: «Im Gegensatz zu den klassischen Kulturtechniken Sprechen/Hören, Rechnen sowie Schreiben/Lesen stellt die ‹vierte Kulturtechnik› des Umgangs mit Informations- und Kommunikationstechnologien am Computer und im Netz eine erste echte Kulturtechnik im Mensch-Maschine-Tandem dar.» Walther Zimmerli: «Technologie als Kultur», in: *Braunschweiger Texte*, Hildesheim 1997, S. 27.

«techné» angewiesen sind. Aus einer erkenntnistheoretischen Perspektive spricht der deutsche Philosoph Michael Hampe in diesem Zusammenhang von der Computersimulation als einer «Vicoschen Technik»: «In ihr kommen poíesis und techné, das Machen, das als Erschaffen selbst ein Erkennen ist, in eine neue Entwicklungsphase. Giambattista Vico hatte behauptet, dass Menschen nur das richtig verstehen, was sie selbst hervorgebracht haben. [...] Vor diesem philosophischen Hintergrund erscheint das, was in der Robotik der Neuroinformatik und der Computersimulation heute als Erkenntnisverfahren realisiert wird, als Einlösung dessen, was seit Giambattista Vico das moderne Verständnis von wissenschaftlicher Einsicht überhaupt bestimmt: das Machen selbst fungiert als Erkenntnisprozess und bleibt nicht mehr auf einen anderen wirtschaftlichen oder sonst wie gearteten Zweck ausgerichtet.»[5]

Technik ist als eine Art «Superstruktur der Gesellschaft»[6] zu verstehen: Wir finden in unserer modernen Kultur kaum etwas, das nicht technisch konzipiert und beschrieben wird. Ein Großteil der Erscheinungsformen unserer Kultur ist damit technisch geprägt. Hartmut Böhme bezeichnet die Welt, in der wir leben, als eine «technomorphe»[7] Welt. Doch gilt ebenso, was der deutsche Philosoph Max Bense 1949, nur ein Jahr nach Norbert Wieners epochaler Schrift zur Kybernetik, in seinem Aufsatz *Technische Existenz* diagnostizierte: «Die Technik ist eine Realität unter Realitäten. Die härteste, unwiderruflichste von allen.»[8]

Die Kybernetik hat das technische Denken der Architektur verändert. Es folgte eine Zeit, in der Architekten von automatisierten Entwurfsprozessen, intelligenten Rechenmaschinen, globaler Nachrichtentechnik und der Gestaltung von Weltraumkapseln träumten. Man träumte von «poetischer» Technologie, vom wissenschaftlichen Fortschritt und einer menschlicheren Welt nach dem Krieg. Heute, aus der Sicht einer weitgehend digitalisierten Architekturproduktion, scheinen etliche dieser technischen Träume der Moderne bereits verwirklicht und zur technischen Realität der architektonischen Praxis geworden zu sein. Nicht nur das begriffliche Gewebe aus Architektur, Technologie und Natur-

5 Michael Hampe: *Denken, Dichten, Machen und Handeln. Anmerkungen zum Verhältnis von Philosophie, Wissenschaft und Technik*, Skript der Einführungsvorlesung an der ETH Zürich, 2004, S. 14.

6 Hartmut Böhme: «Kulturgeschichte der Technik», in: *Orientierung Kulturwissenschaft*, Hamburg 2000, S. 164.

7 Ebenda, S. 164. Als kritische Betrachtung dazu vgl. Christoph Hubig: *Die Kunst des Möglichen I. Technikphilosophie als Reflexion der Medialität*, Bielefeld 2006.

8 Max Bense: *Technische Existenz* Essays, Stuttgart 1949, S. 123.

wissenschaft hat sich seitdem verändert. Auch die dahinterliegenden Naturverständnisse unterlagen im Laufe der Moderne Veränderungen, oft zeitgleich zu technologischen, naturwissenschaftlichen, künstlerischen und anderen kulturtechnischen Entwicklungen. Nicht das ursprüngliche, unberührte Bild der Natur, sondern das analysierte und konstruierte Modell der technisierten Naturwissenschaften, eine sogenannte «anthropogene Natur»[9], diente seit der klassischen Moderne in der Architektur als Bezugssystem. Vor dem Hintergrund einer zunehmenden Kalkülisierung der Wissenschaften erscheint dieses Bild als selbstverständlich. Seit der Epoche der Kybernetik wurde mit Computermodellen probiert, nahezu jede Dimension, jeden Maßstab, jeden Prozess in der Natur in ein mathematisches Modell umzuformulieren. In der Architektur wurde versucht, jeden schöpferischen Gedankengang des Entwurfsprozesses zu formalisieren, zu automatisieren und nicht zuletzt auch digital zu simulieren.

Auch derzeit unterliegen Architekten nicht selten einer unreflektierten Begeisterung für digitale Formalismen. Die Fragestellung, ob ein digitaler Gestaltungsansatz in der Formgenerierung auch im konstruktiv-technischen Sinne angemessen sei, wird meist nur am Rande gestellt. Betrachtet man diese Problematik von einem übergeordneten Blickwinkel aus, verweist sie auf die Frage: Dürfen wir alles, was wir können? Demgegenüber würde ein «technologischer Imperativ» im Sinne der Begründung «wir müssen, was wir können» befremdend und sonderbar wirken.[10] Aus der Sicht der Architekturproduktion lässt sich argumentieren, dass «die Vielfalt der Konnotation, welche das ‹Können› und ‹Dürfen› begleiten, diese Frage dubios [machen]».[11] Interessanter für den Ansatz einer kritischen Diskussion ist deshalb die Frage: «Können wir überhaupt etwas wirklich, wenn wir offensichtlich mit dessen Folgen nicht zurechtkommen?»[12]

Heute sind wir so weit, dass wir der Computersimulation in der Architektur kulturell eine «metatechnische»[13] Bedeutung zuweisen können. Mit der rasanten

9 Vgl.: *Soziale Naturwissenschaft. Wege zu einer Erweiterung der Ökologie*, hrsg. von Gernot Böhme und Engelbert Schramm, Frankfurt am Main 1985.

10 Christoph Hubig: *Die Kunst des Möglichen II. Ethik der Technik als provisorische Moral*, Bielefeld 2007, S. 9. Vgl. auch ders.: *Die Kunst des Möglichen I. Technikphilosophie als Reflexion der Medialität*, Bielefeld, 2006.

11 Ebenda 2007, S. 9.

12 Ebenda.

13 Vgl. Max Bense: «Kybernetik oder Die Metatechnik einer Maschine», in: *Ausgewählte Schriften, Bd.2: Philosophie der Mathematik, Naturwissenschaft und Technik*, hrsg. von Elisabeth Walther, Stuttgart 1998.

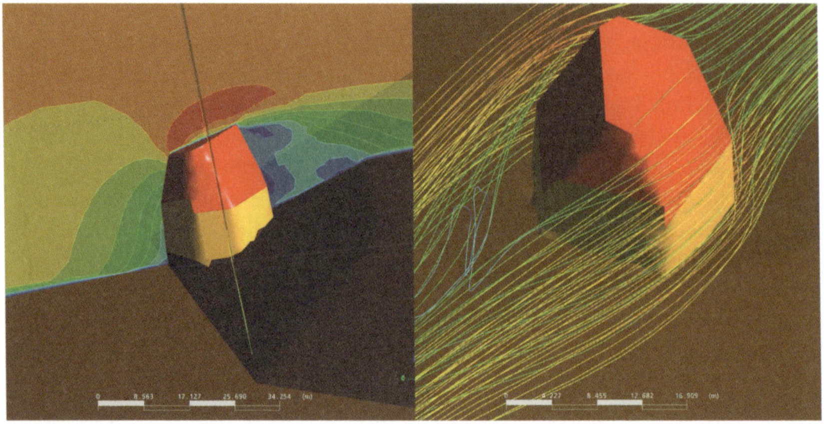

Abb. 1 und 2: *Computersimulation zur Gebäudeoptimierung des Bauprojektes «Monte Rosa»*. Die reale Belastung der Gebäudestruktur wurde durch Simulation ermittelt: Ähnlich einem Aerodynamiktest in einem Windkanal unterzog man die Gebäudeform unter Gegebenheiten der realen Topografie einem Strömungstest. Simulation: Professur Hovestadt (CAAD), ETH Zürich. Entwurf: Professur Deplazes, ETH Zürich.

Entwicklung von immer leistungsfähigeren Computern setzt sich die numerische Simulation nicht nur in Wissenschaft und Forschung, sondern auch in der Architektur und im Design als eine universelle Arbeitspraktik durch. Welches technische Arbeitsgebiet, und dazu zählt auch die Architektur, kommt gegenwärtig ohne Computersimulation aus? [Abb. 1 und 2]

Nur wenige Jahre nach *Ins Universum der technischen Bilder*[14] diagnostizierte der tschechische Medienphilosoph Vilém Flusser in seinem Aufsatz *Digitaler Schein* nicht mehr nur eine fortschreitende Digitalisierung visueller Medien, sondern auch eine Mathematisierung der wissenschaftstechnischen Welt. Beide Momente scheinen auf der Modellierungs- und Visualisierungsebene numerischer Simulationen gleichsam zu verschmelzen: «Auf der theoretischen Ebene ist das kalkulatorische Denken immer tiefer in die Erscheinungen eingedrungen. Es hat sie analysiert, wodurch die Phänomene immer mehr die Struktur des kalkulatorischen Denkens angenommen haben. Nicht nur für die Physik zerfallen sie in Partikel, sondern für die Biologie beispielsweise in Gene, in der Neurophysiologie in punktartige Reize, in der Linguistik in Phoneme, in der Ethnologie in Kultureme oder in der Psychologie in Aktome. Von der ursprünglich ‹ausgedehnten Sache› ist keine Rede mehr, sondern von nach Feldern strukturierten Teilchenschwärmen. [...] Die Welt hat damit die Struktur des Zahlenuniversums angenommen, was verwirrende Erkenntnisprobleme stellt, wenn sich bei den Computern herausgestellt hat, dass das kalkulatorische Denken die Welt nicht nur in Partikel zersetzen (analysieren), sondern diese auch wieder zusammensetzen (synthetisieren) kann.»[15]

Flussers «Sprung in das kalkulatorische Bewusstsein»[16] hat längst auch in der Architektur stattgefunden.[17] Deutlich wird dies nicht zuletzt an der Beobachtung, dass sich der Möglichkeitsraum im Dialog von Architektur und Computer fundamental erweitert hat. Während in bisherigen Bereichen des Entwerfens der Computer als ein Werkzeug der Visualisierung fertiger Konzepte diente, ist es derzeit dem Architekten zunehmend möglich, Software eigens für die jeweilige

14 Vilém Flusser: *Ins Universum der technischen Bilder* (1985), Göttingen [4]1992.

15 Ders.: «Digitaler Schein», in: Florian Rötzer (Hrsg.): *Digitaler Schein: Ästhetik der elektronischen Medien,* Frankfurt am Main 1991, S. 152 und 154.

16 Ebenda, S. 151.

17 Vgl. Georg Vrachliotis: «Der Sprung ins kalkulatorische Bewusstsein. Evolutionäre Denkmodelle und Architektur», in: *Precisions. Architecture between Art and Sciences – Architektur zwischen Kunst und Wissenschaft,* hrsg. von Akós Moravanszky und Ole W. Fischer, Berlin 2007, S. 232–262.

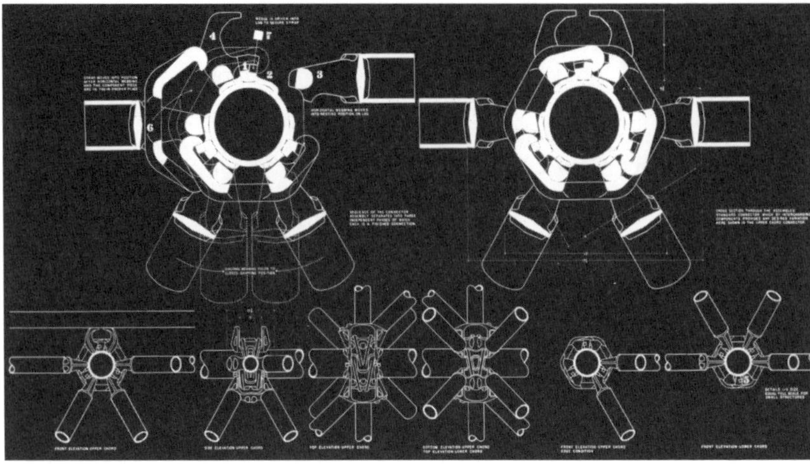

Abb. 3: Konrad Wachsmann: *Technische Zeichnungen des Konstruktionsknotens.* «Das Ergebnis fast zweijähriger Entwicklungsarbeit war ein universeller Knotenpunkt, der sich ringartig um die Hauptrohre schließt, von dem die Nebenrohre nach allen Richtungen in jeder beliebigen Kombination und jedem Winkel ausstrahlen können.»

Entwurfs- und Produktionsaufgabe zu entwickeln[18]: der Computer als offenes System der Architekturproduktion.

«Die Entdeckung neuer technischer Mittel hat unmittelbar das allzu menschliche Bedürfnis entstehen lassen, aufs Ganze zu gehen und die ganze Welt neu zu konstruieren»,[19] schreibt Heinrich Klotz in *Vision der Moderne – Das Prinzip Konstruktion* über die strukturell-analytische Strömung zwischen Architektur und Ingenieurswissenschaft Mitte des 20. Jahrhunderts. Buckminster Fuller, Max Mengeringhausen, Konrad Wachsmann oder Fritz Haller bildeten Kernpunkte dieser «anderen Wurzel der Moderne».[20] Man sprach von Bausystemen, Kommunikationssystemen, Infrastruktursystemen und anderen abstrakt-technischen Ordnungssystemen. Zellen, Knoten und Kapseln wurden zu biologischen Metaphern in Architektur und Technologie. Die Modularisierung des architektonischen Raums und die Systematisierung des Produktionsprozesses bestimmten das Entwurfs- und Konstruktionsdenken [Abb. 3]. Mit Blick auf die aufstrebende Künstliche Intelligenz zeichnete Lewis Mumford 1967 in *Mythos der Maschine* zwei beunruhigende Zukunftsbilder jener Epoche: das des «großen Gehirns»[21] und das eines bevorstehenden «Triumphes der Automation».[22] Schon 1959, nicht ganz zehn Jahre zuvor, waren zeitgleich drei Schriften erschienen, welche bereits in ihren Titeln einen Eindruck von der wissenschaftstechnischen Forschungslandschaft dieser Epoche vermitteln. Abraham Moles ließ durch den von ihm gewählten Obertitel, *Atom und Automation* seiner *Enzyklopädie des technischen Jahrhunderts*[23], zwei Kernbegriffe aus der Geschichte von Wissenschaft und Technologie zu einem begrifflichen Etikett aus Naturwissenschaft und Kybernetik werden. Kurt Auckenthaler ergänzte in *Architektur, Automation, Atom*[24] die von Moles vorangestellte begriffliche Dualität aus Wissenschaft und Technologie um den Begriff der Architektur. Konrad Wachsmann schließlich verkündete mit

18 Vgl. einer der frühen Schriften dazu: Ludger Hovestadt: «CAD im Selbstbau», in: *Arch+*, Zeitschrift für Architektur und Städtebau, Nr. 83, 1985, S. 32–37.

19 Heinrich Klotz: «Vision der Moderne», in: *Vision der Moderne – Das Prinzip Konstruktion*, hrsg. von Heinrich Klotz, Frankfurt am Main, München, New York 1986, S. 21.

20 Ebenda, S. 14.

21 Lewis Mumford: «Der Triumph der Automation», in: *Der Mythos der Maschine*, Frankfurt am Main 1984, S. 550. Original: *The Myth of the Machine. Volume 1: Technics and Human Development* (1967); *Volume II: The Pentagon of Power* (1970). Deutsche Erstausgabe: Wien 1974.

22 Ebenda, S. 535.

23 Abraham Moles: *Epoche Atom und Automation. Enzyklopädie des technischen Jahrhunderts*, Genf 1959.

24 Kurt Auckenthaler: *Architektur, Automation, Atom*, Wels 1959.

Abb. 4: Titelseite von Konrad Wachsmanns *Wendepunkt im Bauen*, 1962.

seiner epochalen Schrift *Wendepunkt im Bauen*[25] das Ende der traditionellen und den Beginn einer neuen industriell-wissenschaftlichen Baukunst [Abb. 4].

Wachsmanns Architekturbegriff war vom Glauben an den wissenschaftstechnischen Fortschritt durchzogen: «Modulare Koordinationssysteme, wissenschaftliche Versuchsmethoden, Automationsgesetze, Präzision beeinflussen das schöpferische Denken. [...] Die Begriffe der traditionellen Baukunst sind nicht mehr präzise genug, um durch sie den Gedanken dieser Zeit zu interpretieren.»[26] Wachsmanns anspruchsvolles Ziel war es, mit einer möglichst kleinen Anzahl gleicher Konstruktionselemente eine möglichst große Anzahl von Variationen räumlicher Strukturen zu erreichen. «Voraussetzung dafür war, nur ein einziges, universelles Konstruktionselement zu entwickeln.»[27] Es war die Suche nach dem Grundelement eines imaginären allumfassenden generativen Systems: dem universellen Knoten, dem konzeptionellen Elementarteilchen der Konstruktion [Abb. 5].

Auf der begrifflichen Ebene verwischten in diesen generativen Architektursystemen die Grenzen zwischen Modell und Wirklichkeit, Formgebung und Formgenerierung, auf der methodischen Ebene zwischen Architektur, Ingenieurs- und Naturwissenschaft. Die Folge war ein hochtechnologisierter Zugang zur Architektur. «Diese Elemente werden sich in Gelenken treffen, die als gedachte Punkte im Raum durch imaginäre Linien verbunden sind [...]»[28], präzisierte Wachsmann sein technisches Denken und fügte schlussfolgernd hinzu: «Jede Aussage wird sich daher zunächst auf Punkt, Linie, Fläche, Volumen beschränken müssen. [...] So wird der Bau, eines Geheimnisses entkleidet, sich unverhüllt kritischer Betrachtung aussetzen.»[29] Die Struktur eines Gebäudes wurde in diesem Zusammenhang immer mehr zu einer geometrischen Punktwolke generischer Elemente. Die Gesamtgeometrie der Konstruktion zerfiel in eine atomisierte Struktur, in abstrakte Grundelemente eines generativen Systems.

Die konzeptionelle Relevanz von Wachsmanns Denken für die gegenwärtige digitale Produktion von Architektur ist nur vor dem Hintergrund der Diskursproduktion der frühen Computerwissenschaft und damit erst auf den zweiten Blick ersichtlich.

25 Konrad Wachsmann: *Wendepunkt im Bauen*, Wiesbaden 1959.
26 Ebenda, S. 107ff.
27 Ebenda, S. 96.
28 Ebenda, S. 113.
29 Ebenda.

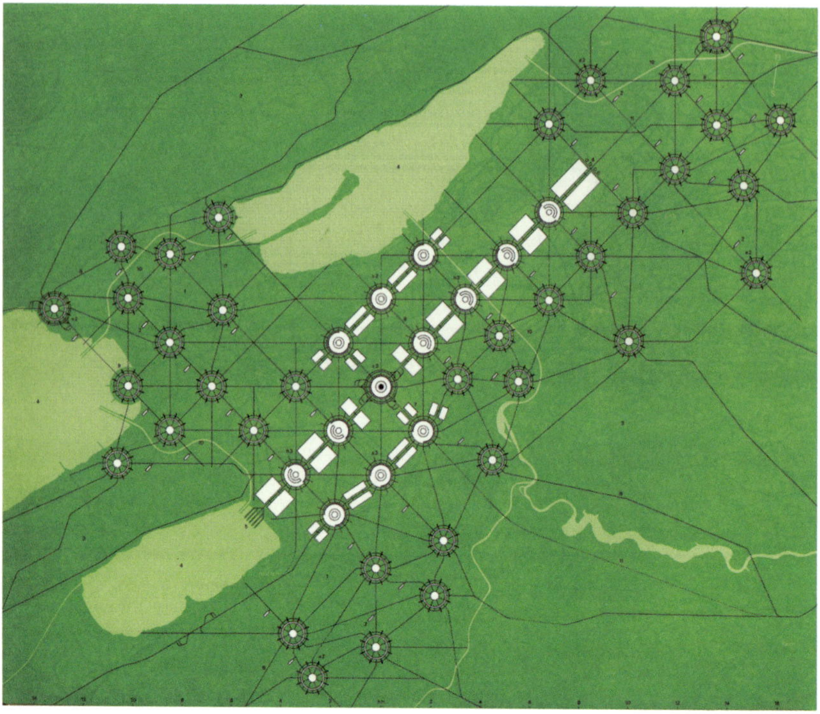

Abb. 5: Fritz Haller übertrug 1968 die Idee des Knotens auch auf die Ebenen globaler Infrastruktursysteme: Fritz Haller: *totale stadt – ein globales modell* (1968): Einheit dritter Ordnung mit 3 000 000 Einwohnern in einer gegebenen Landschaft, Beispiel: Großes Moos im Nordwesten des Schweizer Mittellandes. «Dieser Plan ist [...] kein eigentlicher Überbauungsvorschlag für das ausgewählte Gebiet. Er soll nur darstellen, wie die Anordnung der Knoten und des Liniennetzes einer Einheit dritter Ordnung durch geographische Gegebenheiten variieren kann [...]. In der Längsachse liegen Hardware und Zentrale dritter Ordnung und beidseitig auf parallelen Achsen die Software dritter Ordnung».

Denn das Grundelement eines ganz anderen und wesentlich abstrakteren generativen Systems versuchten etwa zur gleichen Zeit Stanislaw Ulam und John von Neumann mathematisch zu modellieren. Seit Mitte der 1950er Jahre arbeitete der in die Vereinigten Staaten emigrierte ungarische Mathematiker Neumann an der Idee, das Verhalten «nichtlinearer Systeme» mathematisch zu modellieren. Entscheidend war in diesem Zusammenhang die wechselseitige Auslegung der jeweils anderen systemischen Prinzipien: So sollten «Organismen als Computer und Computer als Organismen»[30] betrachtet werden. Ulam, ein ebenfalls in die Vereinigten Staaten emigrierter polnischer Mathematiker, inspirierte Neumann, seine Vision des «biologischen Automaten» als Denkmodell eines unendlichen Schachbrettgitters zu konzipieren, auf dem sich einzelne Grundelemente, sogenannte «Zellen», nach einem einfachen Regelwerk verhalten sollten [Abb. 6]. Die Verhaltensregeln dieses Zellen-Gitter-Modells wurden schließlich zur Grundlage späterer «zellulärer Automaten». Neumanns Denkmodell war ein selbstreproduzierender Organismus in einem auf mathematischer Logik basierenden Universum.[31] Die Wechselwirkung zwischen Mathematik und Naturwissenschaft, zwischen Maschine und Organismus, versuchte Neumann, ähnlich wie Norbert Wiener, nicht nur auf der metaphorischen Ebene auszubauen[32]: In seinem Weltbild «definierten und umfassten Epistemologie und Technologie sich wechselseitig».[33] Erst über ein Jahrzehnt später wurden Neumanns selbstreproduzierende Automaten einem gestalterischen Kontext zugänglich. Der britische Mathematiker John Conway hatte durch seine spielerische Simulation *Life* versucht, Neumanns sehr komplexe Automatenlogik zu simplifizieren. Mit Blick auf die Aktualität solch evolutionärer Konzepte in der Architektur ist ein weiterer folgenreicher Sprung in dieser Entwicklung die Entstehung jenes Forschungsfeldes, das der amerikanische Mathematiker Christopher Langton 1987 *Artificial Life* taufte.[34] [Abb. 7 und 8] Zu einem Leitsatz ist seitdem Langtons Diktum «to have a theory of the actual, it is necessary to understand the possible»[35] geworden. Aus einer technikphilosophischen Perspektive bedeutet

30 Lily Kay: *Das Buch des Lebens. Wer schrieb den genetischen Code?*, Frankfurt am Main 2000, S. 157.
31 Vgl. John von Neumann: *Theory of Self-Reproducing Automata*, hrsg. von A.W. Burks, Urbana, 1966.
32 Vgl. «John von Neumanns genetische Simulakren», in: Lily Kay: Ebenda, S. 146–163.
33 Ebenda, S. 159.
34 Vgl. Christopher Langton: *Artificial Life: An Overview*, Cambridge 1995.
35 «Man muss das Mögliche verstehen, um zu einer Theorie des Wirklichen zu gelangen.» Ebenda, S. ix.

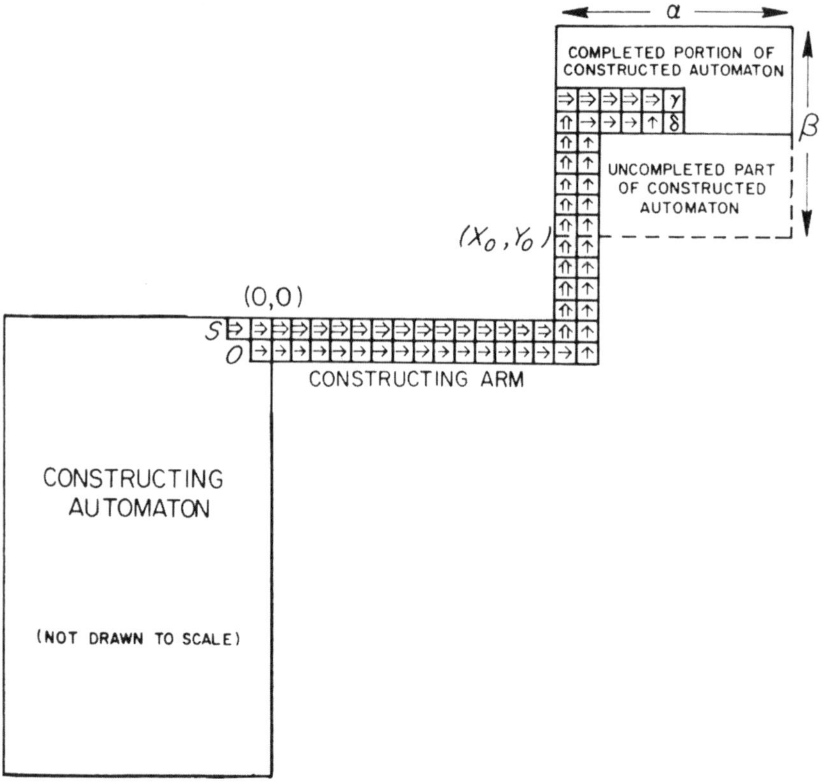

Abb. 6: Noch ohne die Hilfe des Computers konzipierte John von Neumann 1947 mit seinem *Universal Constructor* erstmals einen universellen zellulären Automaten mit der Fähigkeit zur Selbstreplikation. Dieser konnte beliebige Muster, einschließlich seiner selbst, reproduzieren.

dies für die Architektur, dass «es insgesamt um die Kunst [geht], die Möglichkeitsräume unserer theoretischen und praktischen Welterschließung zu gestalten».[36]

Im letzten Jahrzehnt wurde das entwerferische Denken in der digitalen Gestaltung, Konstruktion und Produktion von Architektur durch solche Auslegungen, die auf den Möglichkeitsraum der Technik verweisen, erheblich beeinflusst. Ein Grund dafür ist sicherlich die methodologische Verwandtschaft zwischen dem architektonischen Entwurfsprozess und der synthetischen Arbeitsweise solcher computergestützten Wissenschaftszweige. Als erkenntnistheoretische Werkzeuge der Wissensproduktion vermag man sich von experimentell-numerischen Modellierungsversuchen nur einen begrenzten Erfolg versprechen. Hinsichtlich Neumanns Metaphorik und in Anbetracht der Analogiebildung in biologischen sowie auch technischen Evolutionen betont der argentinische Designtheoretiker Tomás Maldonado in *Noch einmal die Frage der Technik,* dass «ein Instrument die Funktion eines Organs erfüllen [kann], was sicher ein Beweis für eine Ähnlichkeit ist (und zwar für eine Ähnlichkeit hinsichtlich der Leistung), es wäre aber abwegig, beide als in jeder Hinsicht äquivalent zu betrachten».[37]

Möge man den Computer in seiner technischen Verwendung als Instrument bezeichnen, so hat sich indessen das, was es durch dieses Instrument zu simulieren gilt, geändert. In Anbetracht der Ausführung von Maldonado bedeutet dies: An die Stelle des Funktionsbegriffs ist der Verhaltensbegriff, an die Stelle des objekthaften Organbegriffs der Netzwerkbegriff getreten und an die Stelle des Linearen das Nicht-Lineare. Zwar lassen sich schon in der ersten Hälfte der Architektur des 20. Jahrhunderts eine ganze Reihe vergleichbarer biotechnischer, auf Modularität, Wachstum oder Variabilität basierender Metaphern und Entwurfskonzepte finden. Doch mittels der numerischen Simulation ist es in der Architektur nun möglich geworden, naturwissenschaftliche Bilder in den synthetischen Milieus des Computers Bestandteil einer gemeinsamen technischen Realität werden zu lassen.

36 Christoph Hubig: *Die Kunst des Möglichen I. Technikphilosophie als Reflexion der Medialität,* Bielefeld 2006, S. 13.

37 Maldonado bezieht sich an dieser Stelle auf die Schriften des französischen Technikphilosophen Gilbert Simondon, insbesondere auf seine 1958 verfasste Dissertation *Du Mode d'existence des objets techniques.* Tomás Maldonado: «Noch einmal die Frage nach der Technik», in: Ders.: *Digitale Welt und Gestaltung. Ausgewählte Schriften,* hrsg. und übersetzt von Gui Bonsiepe, Zürich und Basel, Boston, Berlin 2007, S. 224.

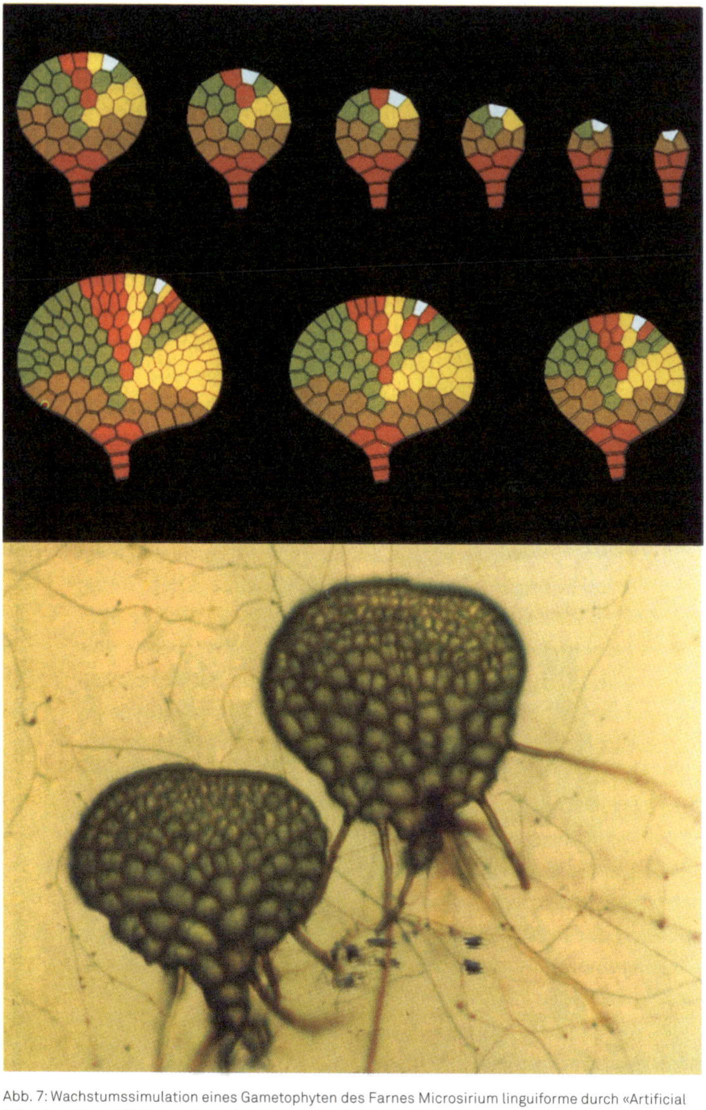

Abb. 7: Wachstumssimulation eines Gametophyten des Farnes Microsirium linguiforme durch «Artificial Life». Im unteren Bild ist ein Foto eines natürlichen Gametophyten zu sehen.

Das Suchen und die Vorstellung eines wie auch immer beschaffenen Universalelementes sind Teil der Kulturgeschichte von Architektur, Wissenschaft und Technologie. Neumanns, Conways und auch Langtons Wunsch war die Entzifferung und Modellierung der sogenannten «logical form of living systems».[38] Die Frage, inwieweit sich die technische Realität einer Simulation wachsender Strukturen in der Architektur von der einer Simulation wachsender Strukturen in der Biologie unterscheidet, bedarf gewiss weiterer Ausführungen. Aus Sicht der Architektur hat die Suche nach dem universellen Elementarteilchen jedoch schon mit dieser Fragestellung endgültig das informationstechnologische Zeitalter erreicht. Wachsmanns und auch Hallers Konzept des universalen Knotenpunktes kann nun auf der Systemebene «virtueller Teilchen»[39], den Multi-Agenten-Simulationen, diskutiert werden. Die konzeptionelle Universalität des Knotens findet sich in der technischen Vielseitigkeit des Software-Agenten wieder, die Funktion des kleinsten Elementes in dem Verhalten des Software-Agenten und die Struktur, welche sie bilden, in der dynamischen Interaktion dieser «virtuellen Teilchen». Im Sinne Langtons kann man diese Teilchen auch als «die fundamentalen Atome und Moleküle des Verhaltens bezeichnen»[40]. Dass es scheinbar möglich ist, mit einer großen Anzahl von «Molekülen des Verhaltens» nicht nur die Komplexität architektonischer, sondern gleichermaßen die Dynamik physikalischer, biologischer oder gar gesellschaftlicher Strukturen zu analysieren und im Flusser'schen Sinne auch zu synthetisieren und zu simulieren, wirft weitere Fragen auf, wie zum Beispiel: Was für ein Begriff von Technik ergibt sich daraus für die Architektur?

«Above all, it is a question of modelling», expliziert der französische Computerwissenschaftler Jean-François Perrot. Mittels architektonischer Metaphern versucht er uns eine Vorstellung dieser sonderlichen Software-Gebilde zu geben: «The current languages oblige applications programmers to describe the phenomena they handle in a strictly mechanistic and hierarchised way. At the very best, an application is constructed on the basis of independently constructed modules – like a modern building made from prefabricated elements, instead of from

38 «Die logische Form lebender Systeme», Christopher Langton: *Artificial Life: An Overview,* Cambridge 1995, S. 113.

39 Peter Weibel: «Intelligente Wesen in einem intelligenten Universum», in: Ders.: *Gamma und Amplitude. Medien- und Kunsttheoretische Schriften,* hrsg., kommentiert und mit einem Vorwort von Rolf Sachsse, Berlin 2004, S. 298.

40 Ebenda, S. 298.

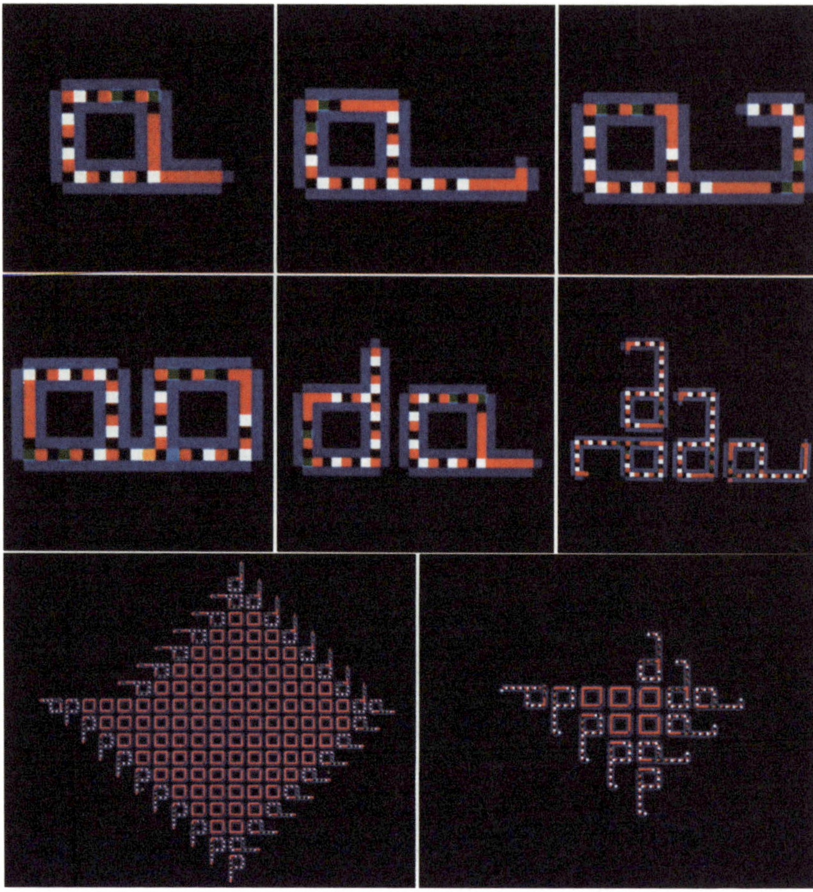

Abb. 8: Einzelne Reproduktionssequenzen und weiterentwickelter Zellorganismus des von Christopher Langton programmierten «loops». Diese digitalen Organismen besitzen die Fähigkeit zur Selbstreplikation, die in einem zellulären Automaten simuliert wird. Das Regelwerk dieser Simulation baut auf von Neumanns *Universal Constructor* auf.

stone blocks shaped on site. The procedure is perfect for a program handling the functioning of a building. But what of the life of its inhabitants? The handsome layout which explains, for example, the complex structure of a storey as a composition of rooms and walls. Considered, as being simpler elements, clearly no longer applies. We must take into account the operational independence of individuals, together with phenomena relating to communication, free will, belief, competition, consensus – and also discord. [...] Now that computerized imaging of buildings, blocks of buildings, and even entire developments has almost become commonplace, the next step is to tackle the human beings and societies that inhabit these locations.»[41]

Für die Architektur bedeutet dies eine Erweiterung des technischen Denkens durch die Computersimulation. Die Besonderheit einer solchen Erweiterung liegt, dem deutschen Physiker und Philosophen Carl Friedrich von Weizsäcker zufolge, in ihrer Eigenschaft, auf einer «Mathematik zeitlicher Vorgänge, die durch menschliche Entscheidung, durch Planung, durch Strukturen, die sich so darstellen lassen, als seien sie geplant, oder schließlich durch Zufall gesteuert wurden [zu beruhen]. Sie sind also Strukturtheorien zeitlicher Veränderung. Ihr wichtigstes praktisches Hilfsmittel ist der Computer, dessen Theorie selbst eine der Strukturwissenschaften ist.»[42] Weizsäcker führt weiter aus: «Die Mathematisierung der Wissenschaften ist eines der Merkmale der heutigen wissenschaftli-

41 Jean-François Perrot: «Préface», in: Jacques Ferber: *Multi-agent Systems. An Introduction to Distributed Artificial Intelligence,* London 1999, S. xiii. Deutsche Ausgabe: «Vorwort» in: Jacques Ferber: *Multi-Agenten Systeme. Eine Einführung in die Verteilte Künstliche Intelligenz,* München 2001, S. 13. «Die gängigen Entwurfssprachen zwingen die Entwickler von Anwendungssystemen, ihre Programme in einer sehr mechanistischen und hierarchisierten Weise zu entwerfen. Im günstigsten Fall wird ein Softwareprogramm unter Verwendung eigenständiger Module, so genannter Komponenten, aufgebaut – ähnlich wie ein modernes Gebäude aus vorgefertigten Elementen und nicht aus einzelnen Steinen gebaut wird. Dieses Verfahren eignet sich bestens für ein Programm, das die Funktionen eines Gebäudes unterstützt. Aber was ist mit dem Leben der Bewohner eines solchen Gebäudes? Der schöne Entwurf, der beispielsweise die komplexe Struktur eines Stockwerks als Anordnung von Räumen und Wänden beschreibt, eignet sich dafür offenbar nicht. Dazu müssen wir die Unabhängigkeit des Verhaltens (nicht nur in konzeptueller Hinsicht) der Einzelnen betrachten, nicht zu vergessen sämtliche Aspekte der Kommunikation, der Freiheit des Willens, der Überzeugungen und Wünsche, der Konkurrenz, der Übereinkünfte, aber auch der Unstimmigkeiten. [...] Nachdem computergestützte Abbildungen von Gebäuden, von Gebäudeteilen und sogar von kompletten Entwicklungsprozessen fast alltäglich geworden sind, besteht der nächste logische Schritt darin, sich mit den Menschen und Gemeinschaften zu befassen, die in diesen Gebäuden leben.»

42 Carl Friedrich von Weizsäcker: *Die Einheit der Natur,* Studien, München 1971, S. 23.

chen Entwicklung. Ein Physiker, ein Populationsbiologe, ein Ökonom können dieselbe Mathematik benutzen.»[43]

Zusammenfassend lässt sich sagen, dass der soziokulturelle Einfluss der Simulation auf die Produktion von Architektur auf mindestens vier miteinander verwobenen Bedeutungsebenen stattfindet: auf der Ebene des Werkzeugcharakters, der Visualisierungstechnik, der epistemischen Kategorie und der Ebene des Erkenntnisinstruments.

Angesichts der computerbedingten Wechselwirkungen von Architektur, Technologie und Wissenschaft erscheint es folgerichtig, Weizsäckers paradigmatische Aufzählung von Forschungsbereichen auch um den der Architektur zu ergänzen. Numerisches Simulieren kann sowohl in der Wissenschaft als auch in der Architektur als experimentelles Feld der Produktivität betrachtet werden.[44] Es lässt sich in diesem Zusammenhang kaum bestreiten, dass der erkenntnistheoretische Erfolg der Simulation in den Wissenschaften von den medialen Mitteln der Visualisierungstechniken abstrakter Datenmengen nicht zu trennen ist. «Dabei zeigen die computergenerierten Bilder einer Mathematik des Monströsen, einer Morphologie des Amorphen und einer Katastrophentheorie», so der deutsche Medientheoretiker Norbert Bolz im Vorwort zu *Chaos und Simulation,* «dass die Welt zu verstehen heute heißt, sie simulieren zu können».[45] Computersimulationen sind in diesem Zusammenhang nicht nur «technische Bilder»[46] und «indirekte Erzeugnisse wissenschaftlicher Texte», sondern – und darin liegt ihre epistemische Relevanz – Bilder von Theorien.[47]

Es ist somit verständlich, wenn Weizsäcker 1971 fordert, «eine Erörterung über die Rolle der Wissenschaft mit den Strukturwissenschaften zu beginnen».[48] Für eine theoretische Auseinandersetzung mit der Architektur im Spannungsfeld von Medien- und Informationstechnologie bedeutet dies, dass ein strukturwissenschaftlicher Blick auf die architektonische Praxis unumgänglich ist, möchte

43 Ebenda.

44 Vgl. Gabriele Gramelsberger: «Simulation als Kreativitätspraktik. Wissenschaftliche Simulationen als Experimentalsysteme für Theorien», in: *Kreativität: Sektionsbeiträge, XX. Deutscher Kongress für Philosophie, 26.– 30. September 2005,* hrsg. von Günter Abel, Berlin.

45 Norbert Bolz: *Chaos und Simulation,* München 1992, S. 8.

46 Vgl. Flusser 1985 wie Anm. 14.

47 Vgl. Gabriele Gramelsberger: «Von der Ambivalenz der Bilder», in: *Vom Realismus der Bilder,* hrsg. von Klaus Rehkämper und Klaus Sachs-Hombach, Magdeburg 2000.

48 Friedrich von Weizsäcker, wie Anm. 42, S. 23.

man kritisch in jene Schichten der Architekturproduktion vordringen, in denen die Potenziale, aber auch die Grenzen einer zunehmend auf die Computersimulation basierenden Entwurfstechnik offenbar werden. Es geht, um noch einmal Wachsmanns Bild einer Demystifizierung von Architektur durch die Rationalität der Technologie zu verwenden, besonders darum, der fortschreitenden Entkleidung von Geheimnissen der Architektur durch die Computersimulation eine kritische Aufmerksamkeit zu schenken. Denn «sie [die Strukturwissenschaften]» – und dieser Hinweis ist wohl Weizsäckers Weitsicht hinsichtlich von Entwicklungen in Wissenschaft und Technologie zu verdanken – «führen die Versuchung mit sich, alle Wirklichkeit mit machbarer, planbarer Struktur zu verwechseln. [...] Eine der wichtigsten Anstrengungen in der Bewusstseinsbildung muss es sein, dem Blick für Strukturen den Blick für Wirklichkeit komplementär gegenüberzustellen.»[49]

49 Ebenda.

Gabriele Gramelsberger

DAS EPISTEMISCHE GEWEBE SIMULIERTER WELTEN

Von virtuellen Fischen in simulierten Ozeanen und anderen semiotischen Objekten

Einmal angenommen, Sie möchten Näheres über den Klimawandel, wie er sich im Computer vollzieht, und die nicht gerade aufmunternden Prognosen der Klimamodellierer für die wirkliche Welt erfahren, dann werden Sie schnell feststellen, in was für eigentümliche Sphären Sie da eintauchen, denn Sie begeben sich in rein mathematische Welten. Simulieren bedeutet nichts anderes, als im Computer numerische «Abbildungen» der Phänomene unserer Lebenswelt zu kreieren. Begeben Sie sich also mutig in ein Klimamodell und springen Sie in den Ozean, dort treffen Sie wahrscheinlich auf Fische, die sich im simulierten Nass tummeln. Stehen Sie an Land, so könnten Sie parametrisierte Wolken sehen oder Schichten des vermutlich blauen Himmels. Heutige Klimamodelle, wie beispielsweise die Referenzmodelle für die Prognosen zum Klimawandel des *IPCC (Intergovernmental Panel on Climate Change),* sind allesamt gekoppelte Atmosphären-Ozean-Modelle, die in einer über vierzig Jahre alten Programmiertradition selbst zu Organismen gewaltigen Ausmaßes mutiert sind.[1] Fische treffen Sie dort erst seit einigen Jahren an, denn zuvor gab es nicht einmal Ozeane in den Klimamodellen, da die Rechner nicht schnell genug waren, um die zunehmend komplexen Prozesse zu berechnen.

Doch worin liegt die spezifische Funktion der Fische hinsichtlich des Klimawandels? Die Klimatologen interessiert unter anderem das Speichervermögen der Ozeane für Kohlendioxid. Und genau hier kommen die Fische ins

1 Trotzdem passen diese «gigantischen» Klimamodelle – was mit Atmosphärenmodellen anfing, hat sich heute zu Erdsystemen entwickelt – auf einen USB-Stick der ersten Generation. In anderen Worten: Die Dateien umfassen weniger als 50 MB, doch für ihre Berechnung werden Supercomputer benötigt. Die «Gigantomanie» steckt in der Komplexität der Erdsysteme, die eine wachsende Anzahl von Prozessen integrieren. Heutige Klimamodelle lassen sich auf wenige, einfache Modelle aus den 1960er Jahren zurückführen, und teilweise finden sich bis zu vierzig Jahre alte Codes in aktuellen Modellen, die zumeist noch in *FORTRAN* geschrieben sind. Paul N. Edwards hat in seinem Artikel «A Brief History of Atmospheric General Circulation Modelling» einen Familienstammbaum der Klimamodelle skizziert, siehe Paul N. Edward: «A Brief History of Atmospheric General Circulation Modeling», in: *General Circulation Development, Past Present and Future: The Proceedings of a Symposium in Honor of Akio Arakawa,* hrsg. von Randall, David A., New York 2000, S. 67–90.

Spiel: Plankton speichert Kohlendioxid, stirbt und sinkt zu Boden. Damit ist das Kohlendioxid über Jahrhunderte gespeichert. Wird das Plankton jedoch von Fischen verspeist, gelangt es samt Kohlendioxid mit deren Ausscheidungen in das Wasser zurück und wird über kurz oder lang wieder in die Atmosphäre freigesetzt. In Fachsprache übersetzt: Es geht um die positiven und negativen Rückkopplungseffekte geochemischer Prozesse des Ozeans bezüglich Kohlendioxid, hier im Besonderen um den Kohlendioxid-Plankton-Fisch-Kreislauf. Klimamodelle sowie alle anderen wissenschaftlichen Simulationsmodelle bestehen aus einer großen Anzahl dieser rückgekoppelten Prozesse, die alle eine spezifische Geschichte erzählen. Diese Geschichten wurden zuvor in mühevoller Forschung – durch Beobachtung, Messung, Experimente im Labor – rekonstruiert.

Doch diese «Fische» sind mit Vorsicht zu genießen, angeln kann man sie nicht. Man bekäme sie noch nicht einmal zu Gesicht, würde man im simulierten Ozean einen Tauchgang wagen, denn weder der Ozean noch die Garnele existieren in der uns bekannten Form. Vielmehr handelt es sich um semiotische Objekte, die allesamt mathematischer Natur sind und die einer unanschaulichen Logik und rein funktionalen Sichtweise unterliegen. Ein simulierter Fisch ist eine für das gesamte Modell gemittelte Änderungsrate des Planktonvorkommens. Oder anders gewendet: Plankton «stirbt» im Quadrat zur Anzahl der Fische, gemittelt auf den simulierten Ozean. Im simulierten Ozean zu schwimmen würde bedeuten, durch eine gemittelte Plankton-Ozean-Fischsuppe zu schwimmen, wobei das «Schwimmen» in diskreten Welten eine ebenfalls gemittelte Aktivität wäre, die sich von Zeitschritt zu Zeitschritt sprunghaft vollziehen und zwischen den Berechnungspunkten interpolieren würde. Da Ozeanmodelle in einem Berechnungsgitter von 20 bis 150 Kilometern Gitterabstand im 10- bis 20-Minuten-Takt berechnet werden, würde man also nur alle 20 Minuten existieren, um in dem äußerst löchrigen Ozean einen Schwimmzug machen zu können. Eine ziemlich eigentümliche Welt, in der Objekte Prozesse sind, die in diskreter Form, dafür aber global gemittelt existieren.

Warum sind diese mathematischen Welten wissenschaftlicher Simulationen so anders als die Alltagswelt unserer Erfahrungen? Zum einen handelt es sich um rein zeichenbasierte, also semiotische Welten. Zum anderen sind es bestimmte semiotische Welten, nämlich mathematische. Ein literarischer Roman stellt ebenfalls eine über Zeichen (lesbare Schrift) vermittelte Welt dar, aber ein Roman unterscheidet sich von den mathematischen «Geschichten», welche die Simulationsmodelle erzählen, grundlegend. Da das epistemische Gewebe dieser eigentümlichen Simulationswelten so wenig den Erfahrungen unserer Alltagswelt gleicht, ist es nicht einfach zu verstehen, wenn auch die aus der Simulation generierten Prognosen großen Einfluss auf unser Leben haben. Sowohl die Sprechweise – selbst die Modellierer reden von Fischen, Wolken, Ozeanen und Garnelen – wie auch die Visualisierungen suggerieren, wir würden die Phänomene der Wirklichkeit, so wie wir sie vor Augen haben, simulieren. Doch die In-silico-Realitäten haben so wenig mit der wirklichen Welt gemein wie eine löchrige Plankton-Ozean-Fischsuppe mit dem Mittelmeer. Das bedeutet nun nicht, dass Simulationen Science-Fiction-Erzeugnisse sind. Sie zeigen vielmehr, in welchem Maße die Wissenschaften in den letzten vierhundert Jahren den Blick auf die Welt mathematisiert haben. Dabei ist die Logik dieses Blicks für Klimamodelle, Architektursimulationen oder In-silico-Crash-Tests jeweils dieselbe, wie konkret auch immer die Visualisierungen am Ende des Simulationsprozesses aussehen mögen. Wer sich also für Simulationen interessiert, darf nicht an den Bildern auf der Oberfläche der Bildschirme hängen bleiben, sondern muss den Blick in die Tiefen des Datenraumes werfen und das epistemische Gewebe dieser semiotischen Welten untersuchen.

Die Verfasstheit der semiotischen Welten wissenschaftlicher Simulationen

Ein kurzer, historischer Rückblick soll die Natur dieser semiotischen Welten verdeutlichen: Wissenschaft operiert mit Zeichen, sei dies in Form von theoretischen Beschreibungen (lesbare Texte), Messergebnissen (ablesbare Indices/Daten), mathematischen Formeln (operative Schriften) oder Algorithmen (operative, symbolische Maschinen). Vor allem die Entwicklung und Verwendung von operativen Schriften als symbolische Maschinen bildet die Grundlage der In-silico-Welten. Sybille Krämer hat die Formalisierung, Kalkülisierung und Mechanisierung von Schrift in der Mathematik des 16. und 17. Jahrhunderts untersucht, sie führte auch die Bezeichnungen «symbolische Maschinen» und «operative Schriften» für mathematische Gleichungen ein. Diese Schriften sind nicht dazu gedacht, Texte lesbar zu vermitteln, sondern Operationen darzustellen und auszuführen, wie beispielsweise das Rechnen mit Ziffern. Ersetzt man konkrete Ziffern durch Buchstaben, wie François Vieta dies Ende des 16. Jahrhunderts mit der Einführung der Algebra getan hat, lässt sich in wesentlich abstrakterer Weise mit den Zeichen «rechnen». Auch die Einführung neuer Zeichen für neue Operationen wurde durch die Algebra möglich, so zum Beispiel das Differentialkalkül von

Gottfried Wilhelm Leibniz, um mit infinitesimalen Größen zu operieren.[2] Die Verknüpfung von Algebra und Geometrie, wie dies René Descartes im 17. Jahrhundert einführte, erlaubt es, das Rechnen mit Buchstaben als allgemeine Beschreibung des Rechnens mit Zahlen zu nutzen. Auf diese Weise wurden die symbolischen Maschinen trickreicher und erlaubten zunehmend komplexere Operationen.[3] Je trickreicher jedoch das semiotische Instrumentarium wurde, desto interessantere Beschreibungen und Entdeckungen ließen sich machen. Denn das darstellbare Wissen hängt entscheidend von der Verfasstheit der symbolischen Maschinen ab, in ganz ähnlicher Weise, wie es einen Unterschied macht, mit bloßem Auge die Sterne zu betrachten, mit einem Fernrohr oder mit einem Radioteleskop.

Doch solange die symbolischen Maschinen der Wissenschaft nur auf dem Papier existierten, war ihre Reichweite begrenzt. Die Frage, welche die Wissenschaften daher seit Jahrhunderten umtrieb, lautete: Wie lassen sich die symbolischen Maschinen als tatsächliche Maschinen realisieren, um sich des mühsamen Ausrechnens per Hand zu entledigen? Um die symbolischen Maschinen an tatsächliche Maschinen delegierbar zu machen, mussten allgemeine Verfahren (Algorithmen) entwickelt werden, denn bis dahin haben Menschen – ähnlich Kochrezepten – die Operationen ausgeführt. Doch Kochrezepte sind, wie wir aus der Erfahrung wissen, sehr unpräzise Anleitungen. Maschinen wären mit ihrer Ausführung total überfordert. Da die Wissenschaften seit der Neuzeit zunehmend auf Mathematik und Berechnungen basierten, der Bedarf an rechnerischen Kapazitäten in den letzten zwei Jahrhunderten enorm angestiegen war und zahlreiche Wissenschaftsbereiche aufgrund der begrenzten menschlichen Rechenkraft stagnierten, war ein allgemeines Verfahren, um alle Arten von Berechnungen von Maschinen auszuführen zu lassen, dringend erforderlich. Während vieler Jahrhunderte war es nur für die Ausführung der vier Grundrechenarten gelungen, mechanische Instrumente – sozusagen als physikalisch manifestierte Algorithmen – zu entwickeln. Doch was benötigt wurde, war ein allgemeines und präzises, an Maschinen delegierbares Verfahren für alle Arten von Berechnungen. Erst Dank der Idee Alan Turings im Jahr 1936, die Art, wie wir auf

2 Zur selben Zeit entwickelte auch Isaac Newton eine Methode zur Berechnung infinitesimaler Größen, doch es ist die Notation von Leibniz, die sich als die erfolgreiche durchsetzt.

3 Siehe Sybille Krämer: *Symbolische Maschinen. Die Idee der Formalisierung in geschichtlichem Abriß*, Darmstadt 1988; Sybille Krämer: *Berechenbare Vernunft. Kalkül und Rationalismus im 17. Jahrhundert*, Berlin, New York 1991.

Papier rechnen, also die Art der Zeichenverwendung selbst zu mechanisieren, gelang es, allgemein programmierbare Rechenmaschinen, also Computer, zu konzipieren. «Turing greift dazu auf seine Schulzeit zurück und beschreibt den Vorgang des Rechnens als Notieren von Zahlen nach festen Regeln in den Rechenkästen karierter Schulhefte. Dies ist ein völlig mechanischer Prozess, und Turing beschreibt ihn deshalb angemessen im Modell einer programmierten Maschine, der Turing-Maschine.»[4] Damit erweitert sich das Anwendungsspektrum maschinell ausführbarer Algorithmen erheblich, wenn sich die Operationen dieser Logik unterordnen lassen: Jeder Schritt muss eindeutig aus dem vorherigen hervorgehen, und es muss Kriterien geben, wann die Operation beginnt und wann sie endet. Jeder Vorgang, der sich in dieser Weise beschreiben lässt, wird maschinell berechenbar. Simulationen sind solche berechenbaren Beschreibungen.

Die «Natur» des epistemischen Gewebes wissenschaftlicher Simulationen

Wenn wir einen Blick auf die «Natur» des epistemischen Gewebes wissenschaftlicher Simulationen werfen und damit auf Computer und ihre Art der Zeichenverarbeitung (Algorithmen, Mathematik), stellen wir fest, dass es sich um präzise, diskrete und endliche Welten von Binärzahlen handelt. Diese Welten zu manipulieren bedeutet, regelbasiert auf ihnen zu operieren, und genau das tun Simulationen. Sie geben Tausende von Anweisungen, wie die Zahlen miteinander im Berechnungsraum zu verrechnen sind, nachdem sie mit Messdaten initialisiert wurden (t_0). Der Simulationslauf eines Klimamodells beispielsweise arbeitet sich Schritt für Schritt durch all diese Anweisungen, um am Ende für den Zeitpunkt t_1 die errechneten Werte der Zustandsvariablen des Klimas auszugeben.[5] Die Auflösung des Berechnungsgitters spielt eine wichtige Rolle dabei, ob in den Daten Prozesse sichtbar werden oder nicht. Ein Sturmtief zeigt sich in einem Klimamodell mit einer T21-Auflösung nicht, da ein Sturm kleiner ist als die T21-

4 Wolfgang Coy: «Gutenberg und Turing: Fünf Thesen zur Geburt der Hypermedien», in: *Zeitschrift für Semiotik*, 16.1–2, S. 69–74, insb. S. 71.

5 1904 beschrieb Vilhelm Bjerknes in einem Artikel der *Meteorologischen Zeitschrift* «Das Problem der Wettervorhersage, betrachtet vom Standpunkt der Mechanik und der Physik» und legte damit die Grundlagen der Wetter- und Klimamodellierung. Er ging davon aus, dass der Zustand der Atmosphäre zu einem beliebigen Zeitpunkt dann genügend bestimmt wäre, wenn an jedem Punkt der Atmosphäre die Geschwindigkeit, die Dichte, der Luftdruck, die Temperatur und die Feuchtigkeit der Luft berechnet werden können. Allerdings sprengten die daraus resultierenden Gleichungen die Möglichkeiten der analytischen Methode und können bis heute nur numerisch gelöst, also simuliert werden.

Gitterweite von ca. 500 Kilometern. Bei einer T42-Auflösung (ungefähr 250 Kilometer Gitterweite) werden Andeutungen eines Sturms sichtbar, bei T106 (etwa 110 Kilometer Gitterweite) hingegen stürmt es schon ganz gewaltig im Modell. Das, was wir mit Simulationen erkennen und wissen können, hängt also wesentlich von der Auflösung der Berechnung ab. Da Wolken, Fische und Garnelen deutlich kleiner sind als die aktuellen Gitterweiten von 500 bis 110 Kilometern, würden sie buchstäblich durchs Raster der Klimasimulation fallen, wenn sie nicht als global gemittelte Parameter in die Berechnungen der Zustandsvariablen des Klimas eingehen würden.

Alle Anweisungen einer wissenschaftlichen Simulation basieren auf Theorien. In diesem Sinne entfalten Simulationen ein komplexes, epistemisches Gewebe von Hypothesen der verschiedensten Theorien und Disziplinen. Insofern sind sie nicht nur multidisziplinäre, sondern synthetische Erkenntnisinstrumente. Diese synthetischen Erkenntnisinstrumente sind für die Naturwissenschaften neu, welche bisher in analytischer Weise eher nur an einzelnen Aspekten interessiert waren. Im Grunde sind Simulationen Instrumente, um mit Theorien zu experimentieren: Wie verhalten sich die programmierten Hypothesen im Gesamten; geben sie Phänomene in korrekter Weise wieder? Die Kunst besteht darin, die Simulationsergebnisse adäquat zu validieren, also festzustellen, ob die In-silico-Daten tatsächlich mit der Realität übereinstimmen. Visualisierungen von Simulationsresultaten sind daher Bilder von mathematisierten Theorien und nicht von der Wirklichkeit. Dass viele Simulationsbilder «realistisch» aussehen, hat weniger mit den errechneten Daten zu tun als mit der «kreativen» Darstellung der Daten.

Versuch einer Narratologie wissenschaftlicher Simulationen

Wenn wir wissenschaftliche Simulationen als zwar eigentümliche, aber dennoch erzählerische Textstrukturen verstehen, dann sollte eine Narratologie wissenschaftlicher Simulationen möglich sein. Die Narratologie literarischer Texte lehrt uns, dass es eine gewisse Dauer des erzählten Geschehens gibt, wenn auch nicht immer eine stringente Reihenfolge, dass die Erzählung durch Auslassungen, Rückblenden und Vorschauen geprägt ist sowie durch ein spezifisches Erzählschema. Analog literarischer Textgattungen – Kriminalroman, Novelle oder Kurzgeschichte–haben verschiedene Simulationsarten unterschiedliche Erzählschemata herausgebildet. Die beschriebene Klimasimulation basiert auf dem klassischen Erzählschema deterministischer Simulationen partieller Differentialgleichungen, während beispielsweise so genannte Monte-Carlo-Simulationen auf ein Erzählschema der Stochastik rekurrieren, das dem Gesetz der großen Zahlen folgt.[6] Differentialgleichungen – parallel von Isaac Newton und Gottfried W. Leibniz im 17. Jahrhundert entwickelt – sind das Herzstück neuzeitlicher und moderner Wissenschaften, insbesondere der Physik. Sie dienen dazu, die Entwicklung eines Systems in Raum und Zeit zu beschreiben, insofern jeder Entwicklungsschritt eindeutig aus dem vorherigen hervorgeht. Dahinter steckt die Idee einer deterministischen Natur, die sich eben nicht beliebig entwickelt, sondern in durch den aktuellen Zustand vorherbestimmter Weise. Ob dieses Erzählschema wahr ist, kann nicht entschieden werden, denn die Thermodynamik wie auch die Quantenphysik haben gezeigt, dass sich noch weitere Erzählschemata «entdecken» lassen. Ob die Erzählschemata dabei der Natur oder den symbolischen Instrumentarien geschuldet sind, soll hier nicht diskutiert werden. Interessanter scheint es für eine Narratologie wissenschaftlicher Simulationen, sich mit der Ordnung von simulierten Erzählstrukturen auseinanderzusetzen, mit ihrer Relevanz und soziokulturellen Bedeutung.

Simulationen zerlegen das simulierte Geschehen in explizite und diskretisierte Anweisungen für ein endliches Berechnungsgitter. Dabei ist die Reihenfolge der erzählten Ereignisse (Zeit der Geschichte) nicht identisch mit dem programmierten Ablauf der Erzählung selbst (Zeit der Erzählung). Die Simulation durchläuft in einem festgelegten Schema alle programmierten Dateien des Simulationsmodells und bedient sich dabei Rückblenden, um Vorausschauen zu erstellen. Während sich in der Natur der Zustand von t_0 zu t_1 kontinuierlich für den Raum entwickelt, müssen die Prozesse in der Simulation zerlegt und nacheinander ausgeführt werden. Dabei gibt es für den zeitlichen Ablauf der Erzählung kein Vorbild aus der Natur. Die Entwicklung einzelner Prozesse ist immer nur eine kausale Rekonstruktion unter vereinfachten Bedingungen. Nur das, was beobachtet und gemessen werden kann, kann adäquat rekonstruiert werden. Insofern finden sich in Simulationsmodellen zahlreiche Auslassungen und Idealisierungen, aber auch rechenbedingte Hinzufügungen. Da wir den Resultaten der Erzählungen wissenschaftlicher Simulationen vertrauen, beispielsweise in der Wetter- und Klimaprognose, hat diese Art der Narratologie einen anderen

6 Die relative Häufigkeit eines Zufallsergebnisses, d.h. je häufiger ein Zufallsexperiment durchgeführt wird, nähert sich laut dem Gesetz der großen Zahlen das Ergebnis immer weiter an die theoretische Wahrscheinlichkeit an.

ontologischen Stellenwert als die literarische Textproduktion. Es muss unterscheidbar sein, ob Fiktionen oder Fakten mit wissenschaftlichen Simulationen generiert werden, und das ist nicht ganz einfach. Eine «gelungene» Simulation ist keine Geschmackssache, sondern eine Frage der Evaluation der Ergebnisse. Evaluation und Validierung gehören daher zum Repertoire simulierender Wissenschaften.

Grundsätzlich lässt sich feststellen, dass die wissenschaftlichen Erzählungen zu den großen Erzählungen unserer Kultur gehören und dass sie über viele Jahrhunderte entwickelt worden sind. Mit Simulationen werden sie nun «sichtbar» und experimentell zugänglich. Die Sprache dieser Erzählungen ist die Mathematik, eine universelle Sprache, die von allen Naturwissenschaften gesprochen wird. Das Faszinosum wissenschaftlicher Simulationen liegt in dieser Universalität. Es mag zwar verschiedene Erzählschemata geben, aber die Verfasstheit und «Natur» dieser semiotischen Welten ist nahezu universell. Daher sind alle Prozesse, insofern sie sich in dieser «Sprache» fassen lassen, in die Erzählungen integrierbar. Die Folge ist ein permanent wachsendes Konvolut an Simulationsmodellen, die ein zunehmend umfassenderes epistemisches Gewebe unserer Welt darstellen. Und obwohl der «Erzähler» kein Teil der simulierten Geschichte ist, lässt sich seine «Handschrift» überall wiederfinden: in der Auswahl der berücksichtigten Prozesse, den Auslassungen, der Ordnung des Erzählablaufes und vielem mehr. Im Unterschied zu literarischen Texten mit individuellen Autoren sind Simulationsmodelle jedoch kollaborative Texte, die auf dem kollaborativ erworbenen Wissen der Scientific Community aufbauen. Was dabei als Wissen gilt, ist durch allgemeinverbindliche Kriterien geregelt: «Geschichten» müssen anhand von Messungen, Beobachtungen oder Experimenten empirisch und zunehmend auch anhand von Simulationen in silico überprüfbar sein.[7] Welche Rolle wissenschaftliche Simulationen bezüglich der Überprüfbarkeit theoretischen Wissens, aber auch hinsichtlich der Generierung neuen Wissens spielen werden, ist offen. Noch läuft die Vorstellung, alles an Simulationen zu delegieren, unserem «empirischen Gefühl» zuwider. Aber es lassen sich bereits erste Beispiele dafür finden, dass die Entwicklung in diese Richtung geht und sich die Wissenschaften auf ein «post-empirisches» Stadium zubewegen. Denn

7 Viele «Geschichten» ergeben sich als Resultat der Simulation und sind nicht bereits in der Programmierung vorgegeben. Beispielsweise ergibt sich die saisonale Umkehrung der Wetterlagen in einem Klimamodell als Resultat der Berechnungen. Tritt sie nicht auf, ist das Modell falsch.

Simulationen können nicht nur Geschichten erzählen, sie dienen mittlerweile auch dazu, diese Geschichten realiter zu konkretisieren und sich damit zu Design beziehungsweise Engineering Tools zu entwickeln. Ähnlich der *digital chain* in der Produktion und der Architektur – *CAAD (Computer Aided Architectural Design), RP (Rapid Prototyping), CAM (Computer Aided Manufacturing)* – gibt es Wissenschaftsbereiche, die genau dies tun *(Molecular Modelling)* beziehungsweise vorhaben (Synthetische Biologie). Welche soziokulturellen Bedeutungen ein solcher Wandel der Wissenschaften haben wird, lässt sich bislang nur erahnen. Diskussionen in der Biologie, Genetik oder Pharmakologie machen jedoch hellhörig, wenn von *Cyborg Cells, Improving Human Performance* und anderem die Rede ist.

Erich Hörl

WISSEN IM ZEITALTER DER SIMULATION. METATECHNISCHE REFLEXIONEN

1.

Beim Gang durch Zapparonis neuen, von Automatenschwärmen bevölkerten Schöpfungsgarten dämmerte dem Protagonisten in Ernst Jüngers *Gläserne Bienen* ein neues Weltgefühl. Dafür war zuallererst ein bestimmter Differenzverlust konstitutiv: «Überhaupt», so heißt es in dem 1957 erschienenen Roman, «verlor ich bei diesem angestrengten Prüfen und Schauen das Unterscheidungsvermögen zwischen dem, was natürlich, und dem, was künstlich war».[1] Die Folge davon war eine wachsende Skepsis gegenüber den Objekten und ein Problem «hinsichtlich der Wahrnehmung im Ganzen, dass sie unvollkommen trennte, was außen und was innen, was Landschaft und was Einbildung war. Die Schichten legten sich dicht aufeinander, changierten, vermischten ihren Inhalt, ihren Sinn.»[2] Mit der Differenz des Natürlichen und des Künstlichen, die angesichts der «Automatenparade» im Ingenieurspark in Unordnung geriet, stand nicht weniger als eine für die Moderne, ja im Grunde seit Platons Trugbildlehre und Repräsentationstheorie ebenso verbindliche wie operative Unterscheidung auf dem Spiel.

Im selben Jahr hat Hans Blumenberg diesen Orientierungsverlust, der bei Jünger gefühlte Veränderung war, theoretisch genauer untersucht. Sorgfältig rekonstruierte er die historische Sinnveränderung, das heißt die Prägung, Umbildung und langsame Zersetzung jener Leitformel des Platonismus, die den ontologisch prinzipiell defizitären Status des Künstlerischen und des Künstlichen, also des Technischen im umfassenden Sinne, seit dem klassischen Griechenland zementierte und die Differenz des Natürlichen und Künstlichen regulierte. Sie lautete: «Nachahmung der Natur». Die Überwindung der Mimesisformel, so spekulierte Blumenberg, die im Gegensatz zu den direkt am Sein der Ideen teilhabenden Ebenbildern alle künstlerischen und technischen Hervorbringungen als bloß abgeleitete Seinsderivate, metaphysisch schlecht beleumundete Trugbilder, *phantasmata* und *simulacra,* und letztlich als seinserdichtende Perversionen erscheinen ließ, «könnte in den Gewinn einer ‹Vorahmung der Natur›

1 Ernst Jünger: *Gläserne Bienen* (1957), Stuttgart 1990, S. 126.
2 Ebenda.

einmünden».[3] Blumenberg hat damit die Losung des gerade erst anbrechenden, im besten Sinne nachmimetischen Zeitalters geprägt.

Den Hintergrund, vor dem diese beiden Diagnosen ihre ganze Virulenz gewinnen, bringt die Prognostik des Kybernetikers Abraham Moles auf den Punkt: «Vor unseren Augen», so schrieb er 1959, «zeichnet sich eine neue Welt ab, *die neue Welt der Maschinen*».[4] Diese machte auch vor den Wissenschaften nicht halt, sondern sollte gerade in deren Umprägung ihre Kernszene finden: «Die Wissenschaft des 20. Jahrhunderts wird vor allem die Wissenschaft der Modelle sein.»[5] Die neue «Wissenschaft des Anscheins»[6], die auf Basis der Rechenmaschine entstand, sollte aufhören, «sich groß darum zu kümmern, die Wirklichkeit zu reproduzieren».[7] Ein Phänomen hatte in Zeiten der Kybernetik an dem Tag als erkannt zu gelten, an welchem sich «ein Modell bauen [ließ], das ein gleiches Verhalten in allen Einzelheiten und sogar die gleichen Unsicherheiten besitzt»[8], ohne dabei eine originalgetreue Nachbildung darstellen zu müssen.

Der Eintritt ins Zeitalter der Modellierung und Simulation, der sich in diesen literarischen, philosophischen und kybernetischen Äußerungen aus den späten 1950er Jahren artikuliert, hat seither die Grundlagen der Wissenskultur der Repräsentation unterminiert. Der Einsatz des Computers als Modellierungs- und Simulationsmaschine, die damit zusammenhängende Veränderung der Forschungspraktiken und Wissensproduktion und die Möglichkeit maschinenbasierter Weltbildung haben zu einer neuen epistemologischen und ontologischen Konstellation geführt. Der Übergang von der Wissenskultur der Repräsentation in diejenige der Simulation befördert den Auszug aus der lang dauernden, mit dem Abendländischen koextensiven platonischen Verfassung, für welche die Minorisierung des Technischen konstitutiv war. Er bringt uns auf eigentümliche Weise durch harte technische Verfahren auf die sophistische, ursprünglich gegen die rhetorische Technisierung des *lógos* gerichtete platonische Gründungsszene zurück, die eine genuin atechnische *épistéme* als

3 Hans Blumenberg: «Nachahmung der Natur. Zur Vorgeschichte der Idee des schöpferischen Menschen» (1957), in: Ders.: *Wirklichkeiten, in denen wir leben*, Stuttgart 1996, S. 93.

4 Abraham Moles: «Kybernetik, eine Revolution in der Stille», in: *Epoche Atom und Automation. Enzyklopädie des technischen Jahrhunderts*, Bd. VII, Genf 1959, S. 7.

5 Ebenda, S. 8.

6 Ebenda.

7 Ders.: Nachwort, ebenda, S. 123.

8 Siehe Anmerkung 5.

Hauptschauplatz des philosophisch-wissenschaftlichen Programms hervorgebracht hat.[9] Isabelle Stengers sprach mit aller geschichtlichen Folgerichtigkeit davon, dass «die Macht des Computers als Simulationsinstrument [...] unter den Wissenschaftlern eine neue Spezies [hervorbringt], die man ‹neue Sophisten› nennen könnte, Forscher, deren Engagement sich nicht mehr auf eine Wahrheit bezieht, welche die Fiktion zum Schweigen bringt, sondern auf die Möglichkeit, die mathematische Fiktion zu konstruieren, durch die jedes beliebige Phänomen reproduziert werden kann».[10]

Die Umwendung des Platonismus, von der von Nietzsche über Heidegger bis Deleuze als Aufgabe der Philosophie und neuem Anfang des Denkens die Rede ist, stellt auch, ja vielleicht sogar in erster Linie ein maschinenbasiertes Ereignis dar, das ganz unplatonisch «Mathematik als Fiktionsinstrument»[11] implementiert. Sie wird jedenfalls nirgendwo so deutlich wie im rechnergestützten Übergang von einer klassischen in eine transklassische Wissenskultur, in dessen Verlauf die Wissenschaften in nächste Nähe zu den Künsten rücken.[12] Die alte Spannung zwischen *epistéme* und *téchne* verliert in Gestalt der Technowissenschaften ihre Kraft, und es sind nicht mehr Wahrheitsprozeduren und Gewissheitsproduktion, sondern die Signaturen von nichtlinearer Mathematik

9 Vgl. Hans Blumenberg: «Lebenswelt und Technisierung unter Aspekten der Phänomenologie», in: Ders.: *Wirklichkeiten, in denen wir leben,* wie Anm. 3, S. 7–54, insb. S. 13f.

10 Isabelle Stengers: *Die Erfindung der modernen Wissenschaft,* Frankfurt am Main, New York, 1997, S. 209.

11 Ebenda.

12 Die Differenz von klassischen und transklassischen Maschinen bzw. klassischem und transklassischem Denken, die hier auf die Wissenskultur übertragen wird, stammt von dem deutschen Philosophen und Kybernetiker Gotthardt Günther. Klassische Maschinen sind nach Günther Arbeit verrichtende Maschinen, die ontologisch gesehen ein bestimmtes Weltverhältnis implizieren, nämlich dasjenige von form- und sinngebenden Subjekten, die eine prinzipiell unförmige und sinnlose Welt von Objektiven manipulieren. Dieser dualen ontologischen Struktur entspricht die seit Aristoteles etablierte zweiwertige Logik. Als Modell der klassischen Maschine gilt Günther die menschliche Hand. Transklassische Maschinen manipulieren hingegen nicht Welt, sondern prozessieren Information und haben ihr Modell im Gehirn. Sie sind nur durch den Entwurf einer Prozessontologie und einer neuen, mehrwertigen Logik zu begreifen. Vgl. dazu: Gotthardt Günther: «Maschine, Seele und Weltgeschichte», in: Ders.: Beiträge zur Grundlegung einer operationsfähigen Dialektik, Bd. 3, Hamburg 1980, S. 211–235. Vgl. dazu auch Erich Hörl: «Das kybernetische Bild des Denkens», in: *Die Transformation des Humanen. Beiträge zur Kulturgeschichte der Kybernetik,* hrsg. von Michael Hagner und Erich Hörl, Frankfurt am Main 2008.

und nichttrivialen Maschinen[13], nämlich Approximation, Margen der Unschärfe und Unbestimmtheit, die die Wissensordnung charakterisieren.[14]

Jüngers Offizier, um auf ihn zurückzukommen, war am Ende noch eine Beruhigungsformel vergönnt, welche die technologische Desorientierung seiner Gegenwart zu bannen schien: «Es ist am Technischen viel Illusion.»[15] In transklassischen Tagen ist eine derartige rhetorische Sedierung selbst illusionär geworden und die Formel nur noch ein Satz aus dem die Technik immer schon reduzierenden abendländischen Archiv.

2.

Die Liste der Wissenschaften und epistemischen Felder, die seit 1945 digitale Rechenmaschinen als wesentliches Forschungs- und Erkenntnismedium implementierten und sich um die neuen *Epistemotechniken der Simulation* gruppierten, ist umfassend. Sie reicht von Astronomie, Biologie, Chemie, Geowissenschaften, Genetik, Meteorologie und Klimaforschung, Neurowissenschaften bis zur Physik, von Ökonomie, Soziologie bis zum Militär- und Regierungswissen, von Architektur, Elektrotechnik, Maschinenbau, Nanotechnologie, Luft- und Raumfahrt bis zu *Artificial Intelligence* und *Artificial Life* beziehungsweise Robotik. Auch die reine Mathematik wurde seit den 1980er Jahren in Gestalt eines neuen Forschungsfeldes, der so genannten experimentellen Mathematik, von dieser Entwicklung erfasst. Insbesondere geriet durch den Maschineneinsatz auch ihr bis dato anthropozentrisches Selbstverständnis, das auf einem nichttechnischen Verständnis der grundlegenden Prozeduren von Erfindung und Beweis basierte, ins Wanken. Moles' Prognose hat sich auf dramatische Weise erfüllt. Es findet

13 Zur Differenz von trivialen und nichttrivialen Maschinen vgl. Heinz von Foerster: «Mit den Augen des Anderen», in: Ders.: *Wissen und Gewissen. Versuch einer Brücke,* hrsg. v. Siegfried J. Schmidt, Frankfurt am Main 1993, S. 350–363.

14 Zur Unbestimmtheitssignatur der Technik vgl. Gerhard Gamm: «Technik als Medium. Grundlinien einer Philosophie der Technik», in: Ders.: *Nicht nichts. Studien zu einer Semantik des Unbestimmten,* Frankfurt am Main 2000, S. 275–287. Zum Ende des Gewissheitsregimes in der Mathematik durch die Pragmatik der Modellierung vgl. Amy Dahan: «Axiomatiser, modéliser, calculer: les mathématiques, instrument universel et polymorphe d'action», in: *Les sciences pour la guerre 1940–1960,* hrsg. von Amy Dahan und Dominique Pestre, Paris 2004, S. 49–81. Eric Winsberg hat Simulationen als Management von Unsicherheit und Unbestimmtheit charakterisiert. Vgl. Eric Winsberg: «Simulated Experiments: Methodology for a Virtual World», in: *Philosophy of Science,* 70, Januar 2003, S. 105–125, insb. S. 112f.

15 Jünger (1957) 1990, S. 137.

eine Verschiebung des Sinns der Wissenschaften statt, in deren Verlauf sich die Wissenschaften auf der Basis rechnergestützter Praktiken von Modellierung und Simulation zunehmend in Computerwissenschaften transformieren. Der Computer wird damit zu einem wesentlichen epistemischen Tool.[16]

Die Sinnverschiebung durch die technowissenschaftliche Zäsur befördert die Krisis der Wissenschaften, die Edmund Husserl 1936 noch als fundamentale Unverständlichkeit anschauungsferner Formalisierungs- und Technisierungsprozesse für vermeintlich anschauungsbasierte, prinzipiell und auf ewig auf dem Boden einer konkreten, nichttechnischen Lebenswelt stehende Erkenntnissubjekte charakterisierte, zum Normalzustand.[17] Es ist diese technologische Sinnverschiebung, die eine prinzipielle Neuverhandlung nicht nur der epistemologischen, sondern auch der ontologischen Situation verlangt. Die Darstellungstechniken, mit deren Hilfe die Wissenschaften sich immer tiefer in die Mathematisierung des Undarstellbaren hineinbegeben, neue Gegenstands- und Experimentalbereiche hervorbringen und sich in Wissenschaften analytisch nicht traktierbarer, nichtlinearer, komplexer Systeme transformieren, lassen sich nicht mehr als bloß vorübergehende, rein äußerliche technische Störungen des überlieferten repräsentationistischen Kategorien- und Sinngefüges auffassen. Die Hoffnung, diesen Störungen durch Wiedergewinnung eines lebensweltlichen Bodens oder durch zeichentheoretische Explikationen begegnen zu können, ist angesichts der originären Technizität der Wissenschaften obsolet. Sie markieren vielmehr – als Anzeichen der technologischen Verfasstheit der Wissenschaften erkennbar geworden – die Grenze dieser überlieferten gegentechnischen Sinnbildungsstrategien. Und sie stellen umgekehrt sogar ein her-

16 Die Computerisierung der Wissenschaften zeigt sich dabei als konstitutiver Bestandteil der Geschichte des Computers selbst, der seit seinen Anfängen zu Simulationszwecken eingesetzt wurde. Vgl. Paul Edwards: «The World in a machine: origins and impacts of early computerized global systems models», in: *Systems, Experts, and Computers. The Systems Approach in Management and Engineering, World War II and After,* hrsg. von Agatha C. Hughes und Thomas P. Hughes, Cambridge/Mass., London 2000, S. 221–253.

17 Die Sorge um die infolge der voranschreitenden Formalisierung und Technisierung auch für sich selbst jeden nachvollziehbaren Sinn verlierende Wissenschaft war leitend für das gesamte Unternehmen namens Phänomenologie, die ein transzendentales, alle Sinnbildung kontrollierendes, reines Subjekt der Erkenntnis reinstallieren wollte. Diese Sorge wurde von Husserl am prägnantesten in der sogenannten Krisis-Schrift entwickelt, die posthum erschien. Vgl. Edmund Husserl: «Die Krisis der europäischen Wissenschaften und die transzendentale Phänomenologie», in: Ders.: *Gesammelte Werke,* Bd. VI, hrsg. von Walter Biemel, Den Haag 1962, S. 1–276.

ausragendes Symptom dafür dar, dass die Frage nach unserer technologischen Bedingung mit aller Konsequenz in den Vordergrund tritt. Indem die Wissenschaften durch ihre radikale Technisierung die repräsentative Ordnung der Dinge, der sie selbst entstammen, in Frage stellen, führen sie uns gerade dahin, das nunmehr so stark hervortretende technische Milieu unseres Seins zu fokussieren, das dieser Ordnung immer als inferior und bedeutungsarm, wenn nicht bedeutungslos galt.

Martin Heidegger hat nachdrücklich auf die besondere Rolle der Wissenschaften für das Verständnis der technologischen Bedingung hingewiesen, auch wenn er die Struktur und das Ausmaß der technowissenschaftlichen Wende erst vage ausmachen konnte: «Je eindeutiger die Wissenschaften ihrem vorbestimmten technischen Wesen und dessen Ausprägung zutreiben, um so entschiedener klärt sich die Frage nach der in der Technik beanspruchten Wissensmöglichkeit, nach deren Art, deren Grenzen, deren Recht.»[18] Die Technisierung der Wissenschaften, wie sie der *computational turn* ins Werk setzt, bringt uns heute aber noch weit über Heideggers Vermutung hinaus, wonach Technik seit jeher und gegen die philosophische Gründungsbehauptung das Wesen von Wissenschaft geprägt haben soll. Die Technisierung führt uns auf den Eigensinn des Technischen selbst zurück. Sie zwingt dazu, die Irreduzibilität des Technischen zu bedenken, also seine Nichtableitbarkeit und Unhintergehbarkeit zu erwägen, es als ursprüngliche Bedingung und originäres Milieu des Menschen und von Kultur zu eruieren. Technik wird dabei nicht mehr als bloß angewandte Wissenschaft, als praktischer Niederschlag einer reinen logotheoretischen Anstrengung noch als Implikation logozentrischer Weltauslegung oder als Instrument zu begreifen sein. Und sie lässt sich auch nicht mehr als Element der symbolischen Ordnung ansetzen und auf eine symbolische Form oder Aktivität reduzieren.[19] Die Welt der Maschine hat in dem Augenblick, da ihr Eigensinn sich einzuklagen beginnt, nicht primär als eine Welt des Symbolischen zu gelten, was freilich den polemischen Umkehrschluss, dass die Welt des Symbolischen eine Welt der

18 Martin Heidegger: «Nietzsches Wort ‹Gott ist tot›» (1943), in: Ders.: *Holzwege*, GA, Bd. 5, Frankfurt am Main 1994, S. 209–267, insb. S. 211.

19 Vgl. z.B. Ernst Cassirer: «Form und Technik» (1930), in: Ders.: *Symbol, Technik, Sprache*, hrsg. von Ernst Wolfgang Orth, John Michael Krois, Hamburg 1995, S. 39–91. Eine radikalisierte Fassung, in der die Technowissenschaften und mit ihr die Technik vollkommen in einen Pluralismus symbolischer Welterzeugung eingehen, stellt Nelson Goodman in seinem Buch *Ways of Worldmaking*, Indianapolis/Cambridge 1978, dar.

Maschine sei, nicht unbedingt impliziert.[20] Die Frage nach der Technik ist aus dieser doppelten Verkennung des Technischen, nämlich dem instrumentellen Missverständnis und der symbolischen Fixierung gleichermaßen zu befreien, die seit Platon (und noch mehr seit Aristoteles) charakteristisch für sie und diskursmächtig geworden ist.[21]

Gilbert Simondon hat diese Aufgabe in aller Deutlichkeit formuliert. Er schlug vor, das Augenmerk auf die «concrétisations objectives» zu legen, die jeweils das Milieu des Menschen bestimmen und deren Operateur und Gegenstand er gleichermaßen ist. Geschichte stellte für den großen Pionier der *mécanologie* einen Prozess der Konkretisierung dar, der bislang – und in dieser Abfolge – Sprache, Religion und Technik als jeweils systematische Zentren umfasst und in dessen Verlauf der Mensch sich fortschreitend an seinen objektiven Konkretisierungen dezentriert und exteriorisiert. Dabei ist die Exteriorisierung des Menschen qua objektiver Konkretisierung nach Simondon ursprünglich, das heißt, er ist niemals vollkommen bei sich, existiert niemals *vor* seiner objektiven Konkretisierung, sondern diese ist für den Prozess der Menschwerdung konstitutiv, das Zeichen des Menschen selber. Der Leitsatz von Simondons Programm lautet: «L'homme forme système avec ce qu'il constitue.»[22] Den Prozess der Systembildung mit den technischen Dingen begriff er als Grundcharakteristikum der Gegenwart.

Simondons Bemühung um den technischen Eigensinn geht auf das Unbehagen zurück, mit dem er die Unfähigkeit seiner Zeitgenossen registrierte, die neue technologische Lage zu entziffern und ein zureichendes Selbstverständnis der technologischen Kultur zu entwickeln. Er unterschied zwei grundlegende Modi, in denen sich sowohl das Verhältnis des Menschen zu den technischen Gegebenheiten als auch die ontologische Schematisierung technischer Dinge zeigt: den «statut de minorité» und den «statut de majorité»[23]. Beide Konstellationen stellen

20 Vgl. Friedrich Kittler: «Die Welt des Symbolischen – eine Welt der Maschinen», in: Ders.: *Draculas Vermächtnis. Technische Schriften*, Leipzig 1993, S. 58–80.

21 Zu dieser doppelten Verkennung vgl. Gilbert Hottois: *Philosophies des sciences, philosophies des techniques*, Paris 2004. Hottois hat darin insbesondere auch die Archäologie des Begriffs Technowissenschaft skizziert (vgl. S. 119–171).

22 «Der Mensch bildet ein System mit dem, was er schafft.» Gilbert Simondon: «Les limites du progrès humain» (1959), in: Ders., *Une pensée de l'individuation et de la technique*, hrsg. von Gilles Châtelet, Paris 1994, S. 268–275, insb. S. 270.

23 Vgl. Gilbert Simondon: *Du monde d'existence des objets techniques* (1958), Paris 2005, S. 85ff.

jeweils Sinnregime des Technischen dar. Im «statut de minorité» sei das technische Ding vor allem als Gebrauchsding gesehen und als Mittel zum Zweck, als Werkzeug und Instrument veranschlagt worden. Seine Sinnzuschreibung war in erster Linie Nützlichkeitserwägungen unterstellt, die vom System der Bedürfnisse diktiert wurden und dem Regime der Arbeit gehorchten. Im «statut de majorité» hingegen sollte technisches Wissen explizit und die technische Aktivität zu einer bewussten Operation werden, in ein geregeltes Verhältnis zu den Wissenschaften treten, Kohärenz gewinnen, und die Technik als solche sollte zum Problem des Denkens aufsteigen und Eigensinn erhalten. Der Übergang von einem Modus zum anderen stellt eine fundamentale Sinnverschiebung des Technischen dar.

Der signifikante Zug der Konkretisierung des technischen Dings, der ein Anzeichen dafür ist, dass es vom minoritären in den majoritären Status übergeht, bestand für Simondon in der technischen Transformation sämtlicher Milieus der «réalité humain», die die Reichweite der Veränderungsprozesse aller vorgängigen Konkretisierungsprozesse bei Weitem überschreitet: «L'objet technique exige de plus en plus un *milieu technique* pour exister.»[24] Als wesentliches Merkmal dieses technischen Konkretisierungsprozesses erschien, dass sich Technik – nach ihrer bloß instrumentellen Ausprägung – in Technowissenschaft verwandelt, die fortan den Platz der im Rahmen eines vortechnologischen, insbesondere des sprachlichen Konkretisierungsprozesses geprägten Wissenschaften einnimmt und die wissenschaftliche Deduktion durch die technowissenschaftliche Experimentierung ersetzt. «La concrétisation des objets techniques», so Simondon, «est conditionnée par le rétrécissement de l'intervalle qui sépare les sciences des techniques. La phase artisanale est caracterisée par une faible corrélation, la phase industrielle par une corrélation élevée.»[25]

Das technowissenschaftliche System, mit dem wir heute viel deutlicher konfrontiert sind, als Simondon es je war, sollte so gesehen sowohl den tradierten instrumentellen Technik- als auch den repräsentationistischen Wissen-

24 «Der technische Gegenstand verlangt zunehmend ein technisches Milieu, um bestehen zu können.» Gilbert Simondon: «Les limites du progrès humain», wie Anm. 22, S. 273.

25 «Die Konkretisierung der technischen Gegenstände ist durch die Verringerung des Abstands bedingt, der die Wissenschaften von den Techniken trennt. Das handwerkliche Stadium ist durch eine schwache, das industrielle durch eine starke Korrelation bestimmt.» Gilbert Simondon: *Du monde d'existence des objets techniques*, wie Anm. 23, S. 36. Vgl. dazu auch Bernard Stiegler: «La maïeutique de l'objet comme organisation de l'inorganique», in: Gilbert Simondon: *Une pensée de l'individuation et de la technique*, wie Anm. 22, S. 239–262, insb. S. 253.

schaftsbegriff aus den Angeln heben, die beide vortechnologischen Konkretisierungsprozessen entstammten. In der technowissenschaftlichen Zäsur schien also nicht nur eine Sinnverschiebung der Wissenschaften, sondern auch der Technik im Gang, ja Erstere sollte sich als Effekt des veränderten technischen, nunmehr technologischen Sinns zeigen, von diesem getragen und grundiert. Wenn wir unsere technowissenschaftliche, mehr und mehr durch Verfahren der Simulation geprägte Gegenwart denken wollen, dann müssen wir auf der Höhe dieser doppelten Sinnverschiebung beschreiben, wie wir Systeme mit den technischen Konkretisierungen bilden, die wir selbst, immer schon eingelassen in sie, hervorbringen und die das präindividuelle Milieu unserer Individuierung darstellen. Diese technische Modellierung kann nicht nach Maßgabe von Begriffen und Kategorien entziffert werden, die den vortechnologischen Phasen der objektiven Konkretisierung entstammen – von der logotheoretischen Konfiguration bis hin zur theologischen Leitidee des Schöpferischen und ihrer säkularisierten Form des Erfinderischen. Dies zu versuchen bedeutete, die majoritäre technische Konstellation, in der wir heute stehen, zu verfehlen.

3.

Gaston Bachelard prägte Anfang der dreißiger Jahre des zwanzigsten Jahrhunderts den Begriff der «phénoménotechnique» zur Beschreibung der technowissenschaftlichen Situation.[26] Bachelard versuchte mit dieser insbesondere im Lichte der Quantenphysik gewagten Begriffsschöpfung den neuen wissenschaftlichen Geist nicht mehr als Beschreibung gegebener und gefundener, sondern als originär technische Herstellung und Erfindung wissenschaftlicher Gegenstände zu denken. Phänomene, mit denen es die Wissenschaften zu tun hatten, zeigten sich als Technophänomene. Objektivität galt als technisch hervorgebrachte Objektivität und nicht mehr als souveräne Leistung transzendentaler Beobachtersubjekte. Das Technische erwies sich als originärer Bestandteil von Wissenschaft und diese nicht mehr als phänomenografische Arbeit, sondern als phänomenotechnische Maschinerie. Bachelard erkannte in den Wissenschaften «la métatechnique d'une nature artificielle».[27] Insbesondere die technische Mobil-

26 Zur genaueren Geschichte der Bachelard'schen Begriffsprägung vgl. Teresa Castelão-Lawless: Phenomenotechnique in historical perspective: Its origins and implications for philosophy of science, in: *Philosophy of Science*, 62, 1995, S. 44–59.

27 «Die Metatechnik einer künstlichen Natur». Gaston Bachelard: «Noumène et Microphysique» (1931/32), in: Ders.: *Études*, Paris 1970, S. 11–24, insb. S. 24.

machung der Mikrophysik hatte ihm den Blick auf die Technizität von Wissenschaft überhaupt geschärft und ihn, das hat Hans-Jörg Rheinberger im Detail gezeigt, «im Zentrum des epistemischen Ensembles» der neuzeitlichen Wissenschaft «das Instrument»[28] entdecken lassen. Wissenschaft erschien so als eine primär konstruierende, im Bruch mit der vorwissenschaftlichen Erfahrung, ihre Gegenstände technisch realisierende Aktion.

Bachelards Instrumentalismus hat die Technizität der Wissenschaften aber nicht nur freigelegt, sondern auch verdeckt. Denn das Instrument, das in den Fokus der Untersuchung epistemologischer Prozesse rückte, wurde in der Hauptsache als «veritables verdinglichtes Theorem»[29] gesehen. In diesem Primat des Geistes und der Theorie, dem die Lektüre experimenteller Technizität noch untersteht, zeigt sich die Insistenz der tradierten Minorisierung des technischen Dings. Bachelard erweist sich als ein Übergangsdenker, dessen ausgeprägter technowissenschaftlicher Instinkt noch am gesunden Menschenverstand hängt, der das Technische nur als Instrument begreift und ihm seinen Eigensinn vorenthält. Was am Vorabend der technologischen Sinnverschiebung der Wissenschaften durch Simulationsverfahren noch plausibel sein mochte, ist heute unhaltbar.

Dieser minorisierende Zug ist auch an Hans-Jörg Rheinbergers mittlerweile nahezu kanonischer Untersuchung von Experimentalsystemen als Herstellung und Konkretion sogenannter «epistemischer Dinge» abzulesen, die an Bachelards Prozessepistemologie anschließt. Das «Wissenschaftsobjekt» oder «epistemische Ding», der eigentliche Gegenstand der Wissenschaft, wird, so heißt es, durch eine «irreduzible Vagheit» und einen «prekären Status» charakterisiert, weil es «verkörpert, was man noch nicht weiß».[30] Epistemische Dinge werden, um in ihrem wesentlichen Entzugscharakter überhaupt repräsentierbar und Gegenstand forschender Manipulation sein zu können, durch Experimentalbedingungen oder «technische Objekte» beschränkt, bestimmt und stabilisiert. «Die technischen Bedingungen», so heißt es, «bestimmen den Raum und die Reichweite

28 Hans-Jörg Rheinberger: «Gaston Bachelard und der Begriff der ‹Phänomenotechnik› », in: Ders.: *Epistemologie des Konkreten,* Frankfurt am Main 2006, S. 37–54, insb. S. 45.

29 Gaston Bachelard: *Les intuitions atomistiques,* Paris 1933, S. 140. Zit. nach Hans-Jörg Rheinberger: «Gaston Bachelard und der Begriff der ‹Phänomenotechnik› », S. 45.

30 Hans-Jörg Rheinberger: «Experimentalsysteme, Epistemische Dinge, Experimentalkulturen. Zu einer Epistemologie des Experiments», in: *Deutsche Zeitschrift für Philosophie,* 42 (1994) 3, S. 405–417, Zitat S. 408f.

der Repräsentation eines epistemischen Dings», wobei – und das ist entscheidend – «ausreichend stabilisierte epistemische Dinge [...] zu konstituierenden Teilen der Experimentalanordnungen»[31] werden, sprich in den Status stabilisierter und stabilisierender technischer Dinge absinken. Rheinberger benennt den minoritären Status, den das technische Ding in dem als Konkretion epistemischer Dinge verstandenen Prozess der Wissensbildung einnehmen soll, in aller Deutlichkeit:

«Wir haben es hier mit einem scheinbaren Paradox zu tun: Einerseits ist der Bereich des Technischen eine Voraussetzung für wissenschaftliche Forschung und damit für epistemische Dinge. Auf der anderen Seite tendieren die technischen Bedingungen ständig dazu, das Wissenschaftsobjekt in der diesem Ausdruck zugeschriebenen Bedeutung zu annihilieren, es in den Bestand des Technischen zu integrieren. Dieses Paradox ist grundsätzlich nur deshalb auflösbar, weil die Wechselwirkung zwischen dem Wissenschaftsobjekt und den technischen Bedingungen ihrem Charakter nach nichttechnisch ist. Wissenschaftler sind ‹Bastler›, nicht Ingenieure. Im Gegensatz zum Bereich des Technischen im engeren Sinn sind Forschungssysteme gebastelte Anordnungen, die nicht auf bloße Repetition hin angelegt sind, sondern auf das kontinuierliche Auftreten neuer, unerwarteter Ereignisse.»[32]

Heute, da Wissenschaften das Stadium instrumenteller Verfasstheit längst verlassen haben und zu nach- oder transinstrumentellen Computerwissenschaften geworden sind, da das Akzidentelle, Unerwartete und Unbestimmte zu einem Gutteil maschinell hervorgebracht wird, ja der Effekt maschineller Prozessierung ist und Vagheit insgesamt einen Grundzug des technischen Dings selbst darstellt, heute verbietet sich der Rekurs auf eine in letzter Konsequenz nichttechnische Forschungsmentalität. Die «differentielle Reproduktion»[33] von Ereignissen und die Generierung von Überraschungen, die den epistemologischen Prozess charakterisieren, hausen nunmehr in den technischen Verfahren von Modellierung und Simulation, mithin also in jenen technischen Dingen, die einstmals nur Stabilitäts- und Bestimmtheitsgaranten gewesen sein sollten. Letztere sind nicht nur Stabilisierungs-, sondern auch Destabilisierungsakteure und Träger von Öffnung und Unfertigkeit. Angesichts von Computerwissenschaften kann Phäno-

31 Ebenda, S. 409.
32 Ebenda.
33 Ebenda, S. 410.

menotechnik und die darin implizierte Inferiorität des technischen Dings nicht mehr den Leitbegriff darstellen. Stattdessen ist von Epistemotechnik zu sprechen und von *epistemotechnischen Gefügen* auszugehen, die Natur und Welt vorbildlos produzieren, vorahmen und projizieren. Hier geschieht im besten pragmatischen Sinne «offenes Handeln» und «offene Erzeugung von Veränderung».[34] Der epistemologische Prozess der Konkretion gehorcht mehr und mehr der objektiven Konkretion aus dem Geiste des technischen Dings. Die Wissenschaften sind ihrerseits gerade in ihrer technischen Verfasstheit von Bestimmtheits- und Bestimmungsmaschinen von Welt zu Generatoren von Unbestimmbarkeit und Unbestimmtheit geworden und – um einen Ausdruck von Gerhard Gamm aufzunehmen – zu einer Kerngröße im «Unbestimmtheitsdispositiv»[35], das mehr und mehr unsere Lage charakterisiert. Diese Veränderung betrifft auch die Protagonisten des Forschungsprozesses. Anstelle von Bastlern sind heute weniger Ingenieure, sondern vielmehr Simulateure und Modellbildner als zentrale epistemotechnische Akteure einzuführen und in ihren fundamentalen Gesten, um nicht zu sagen in ihren transtheoretischen technischen Tricksereien und Kniffen, zu studieren.[36]

4.

Der Medienphänomenologe Vilém Flusser, für den Geschichte in erster Linie die Historie der basalen kulturtechnischen Codes darstellt, skizzierte – trotz einer gewissen symbolischen Fixierung – einen möglichen Rahmen der zu leistenden Neubeschreibung epistemotechnischer Gefüge, der Abschied nimmt vom Primat der theoretischen Einstellung und der Inferiorisierung des technischen Dings.

34 John Dewey hat in seiner großen Abrechnung mit der Abwertung des praktischen Tuns durch das orthodoxe Denken der Philosophie seit Platon den Begriff des offenen Handelns stark gemacht. Vgl. John Dewey: *Die Suche nach Gewißheit* (1929), Frankfurt am Main 2001, S. 7–29, insb. S. 26.

35 Gerhard Gamm: *Technik als Medium,* wie Anm. 14, S. 276. Gamm verfolgt seit Jahren ein Forschungsprogramm, das den sprachphilosophischen, logischen und gesellschaftstheoretischen Implikationen einer «Semantik des Unbestimmten» nachgeht. Die geschichtliche Pointe dieses Programms besteht darin, dass für die verschiedensten Wissensbereiche seit eineinhalb Jahrhunderten ein Auszug aus der neuzeitlichen Grundüberzeugung zu beobachten ist, der gemäß Wissenschaft Gewissheit und Sicherheit produziert und überdies selbst auf sicherer und gewisser Methodenbasis stattzufinden hat. Für Gamm stellt allerdings die technische Produktion von Unbestimmtheit nur ein Phänomen unter anderen dar, während meiner Meinung nach das Einrücken in das sogenannte Unbestimmtheitsdispositiv technisch mitgeprägt, wenn nicht sogar technologisch induziert ist.

36 Eric Winsberg hat in dem oben zitierten Text den « simulationist» (S. 109) bereits als zentralen Akteur benannt und von den «extra-theoretic modeling ‹tricks› » gesprochen, die dessen Arbeit charakterisieren.

«Gegenwärtig», so hielt er fest, «gibt es zahlreiche Symptome, die darauf hindeuten, dass wir beginnen, uns aus einer subjektiven in eine projektive Einstellung aufzurichten»[37] und dabei unser Denken umzucodieren.

Diese Recodierung betrifft nach Flusser insbesondere den neuen Bildgebrauch, der sich im Übergang von alphanumerischen und rein numerischen zu «synthetischen Codes» abzeichnet und der insgesamt die Verfahren der Simulation charakterisiert: «Die alten Bilder sind Ab-bilder von etwas, die neuen sind Projektionen, Vor-bilder für etwas, das es nicht gibt, aber geben könnte. Die alten Bilder sind ‹Fiktionen›, ‹Simulationen von›, die neuen sind Konkretisationen von Möglichkeiten. Die alten Bilder sind einer abstrahierenden, zurücktretenden ‹Imagination›, die neuen einer konkretisierenden, projizierenden ‹Einbildungskraft› zu verdanken. Wir denken [...] einbildend entwerfend.»[38]

Auf die Zeit der reproduktiven Einbildungskraft soll unter hochtechnologischen Bedingungen diejenige der produktiven Einbildungskraft folgen. Dieser Wandel galt Flusser als hochsignifikant. Sofern nämlich Einbildungskraft «als eine komplexe, absichtsvolle (‹intentionelle›) Geste» zu verstehen ist, «mit welcher sich der Mensch zu seiner Lebenswelt einstellt», sollte der Einstellungswechsel, der sich im veränderten Regime der Einbildungskraft zeigt, nicht mehr und nicht weniger als «den gegenwärtigen kulturellen Einbruch» und «die neue Art, in der Welt zu sein»[39], dokumentieren. Diese Einstellungsänderung implizierte für Flusser, «dass der Wissensbegriff umformuliert werden muss», nämlich dahingehend, dass wir « ‹Wissen› als einen Kunstgriff [...] begreifen».[40] Wissenschaft ist heute eine Maschine zur Herstellung von Möglichkeiten geworden, nicht mehr die Produktion von Aussagen und das Versprechen von Theorie über das, was ist.

Mit diesem Einstellungswechsel haben sich die ontologische Position und das Selbstverständnis des Menschen und des Subjekts signifikant verschoben. Die Technisierung der Beobachtung, die die galileische Situation charakterisiert, führte zu einer prothetischen Erweiterung der Sinnlichkeit und beförderte und

37 Vilém Flusser: «Vom Subjekt zum Projekt», in: Ders.: *Schriften*, hrsg. von Stefan Bollmann und Edith Flusser, Bensheim, Düsseldorf, 1993–1996, S. 9–160, S. 24.

38 Ebenda, S. 24f.

39 Ders.: «Eine neue Einbildungskraft», in: *Bildlichkeit*, hrsg. von Volker Bohn, Frankfurt am Main 1990, S. 115–126, insb. S. 115.

40 Siehe Anmerkung 37, S. 36f.

zementierte darin grundsätzlich die subjektive Einstellung. Die nachgalileische Technisierung der Berechenbarkeit hingegen, die für unsere Gegenwart signifikant ist, zeigt nicht nur die Ausdehnung des Menschen ins Reich mathematischer Repräsentation, sondern zugleich auch sein Verschwinden in der neuen *Technomathematizität* sowie in der Möglichkeitsproduktion, die darin erschlossen wird.[41] Zum einen löst sich der Begriff des Menschen selbst in der darstellungstechnisch generierten Vielfalt komplexer Systeme auf. Zum anderen wird die klassische Position des Subjekts destruiert. In den Gegenstands-, Weltbildungs- und Weltsetzungsverfahren der neuen Computerwissenschaften, die die neue, projektiv zu nennende Einstellung grundieren, übernehmen nunmehr Maschinen einen Gutteil des Entwurfs- und Setzungsaktes, der bislang als Angelegenheit transzendentaler Subjekte galt. Sie sind vermutlich die Agenten nicht nur einer historisch-epistemologischen, sondern auch einer historisch-ontologischen Zäsur, die nach dem klassischen deskriptiven Seinsverhältnis die projektiven Seinsverhältnisse der technisch-medialen Welt heraufführt. Nach der Metaphysik wird, frei nach einer Vision von Max Bense, die Deutungshoheit über die neuen Seinsverhältnisse der technischen Welt auf eine «Metatechnik»[42] übergehen, die jenseits des subjektivistischen und anthropologischen Vorurteils die Maßverhältnisse des In-der-Welt-Seins zu rekonfigurieren haben wird.

41 Zur galileischen Situation vgl. Hans Blumenberg: «Das Fernrohr und die Ohnmacht der Wahrheit», in: Galileo Galilei: *Sidereus Nuncius,* hrsg. von Hans Blumenberg, Frankfurt am Main 2002, S. 7–75. Zur These von der Ausweitung des Menschen ins Reich mathematischer Repräsentation durch Verfahren der Simulation vgl. Paul Humphreys: *Extending ourselves. Computational Science, empiricism and scientific method,* Oxford, New York 2004.

42 Max Bense: «Kybernetik oder Die Metaphysik einer Maschine» (1951), in: Ders.: *Ausgewählte Schriften,* Bd. 2, hrsg. von Elisabeth Walther. Stuttgart, Weimar, 1998, S. 429–446, insb. S. 445.

AUSGEWÄHLTE LITERATUR

Die vorliegende bibliografische Auswahl greift auf Literatur zurück, welche von den Autoren dieses Buches verwendet wurde. Darüber hinaus wurde sie unter Berücksichtigung ihrer für diesen Zusammenhang ersichtlichen Relevanz ergänzt. Die Literaturangaben sind chronologisch geordnet. In der zeitlichen Einordnung sind dort, wo es möglich war und sinnvoll erschien, das Datum der Erstausgabe bzw. Originalausgabe berücksichtigt worden.

—

Platon: «Der Staat», in: *Werke IV, griechischer Text von Louis Bodin u.a., deutsche Übersetzung von Friedrich Schleiermacher,* Darmstadt 1990.

—

Andrea Pozzo: *Perspectiva pictorum et architectorum,* Pars I/II, Rom 1693/1700.

—

Giovanni Boccaccio: *Commento alla ‹Divina Commedia›,* hrsg. von Domenico Guerri, Bari 1918.

—

Erwin Panofsky: «Die Erfindung der verschiedenen Distanzkonstruktionen in der malerischen Perspektive», in: *Repertorium für Kunstwissenschaften,* Band XLV, Stuttgart 1925, S. 84–86.

—

László Moholy-Nagy: *Malerei, Fotografie, Film,* Bauhausbuch Nr. 8, 1925 (Reprint Mainz 1967).

—

Hermann Weyl: *Philosophie der Mathematik und Naturwissenschaft* (1926)[1], München 1966.

—

Erwin Panofsky: «Die Perspektive als ‹Symbolische Form›, in: *Vorträge der Bibliothek Warburg (1924/25),* Leipzig, Berlin, 1927, S. 258–330.

—

Walter Benjamin: *Das Kunstwerk im Zeitalter seiner technischen Reproduzierbarkeit. Drei Studien zur Kunstsoziologie* (1935/36) [1], Frankfurt [10]1977.

—

László Moholy-Nagy: *Vision in Motion,* Chicago 1947.

—

Max Bense: «Kybernetik oder Die Metatechnik einer Maschine», Ausgewählte Schriften, Band 2, (1951)[1], hrsg. von Elisabeth Walther, Stuttgart, Weimar 1998, S. 429–449.

—

Rudolf Wittkower: «Brunelleschi and ‹Proportion in Perspective›», in: *Journal of the Warburg and Courtauld Institutes,* Band 16, London, 1953, S. 275ff.

—

Hans Blumenberg: «Nachahmung der Natur. Zur Vorgeschichte der Idee des schöpferischen Menschen», in: *Studium generale,* Band 10, Bochum 1957.

—

Ernst Cassirer: *Determinismus und Indeterminismus in der modernen Physik – Historische Studien zum Kausalproblem* (1957[1]), Darmstadt 1957.

—

Gilbert Simondon: *Du Monde d'existence des objets techniques* (1958)[1], Paris 2005.

—

Abraham Moles: *Epoche Atom und Automation. Enzyklopädie des technischen Jahrhunderts,* Genf 1959.

—

Edmund Husserl: *Gesammelte Werke,* hrsg. von Walter Biemel, Band VI, Den Haag 1962.

—

Marshall McLuhan: *Understanding Media: the Extensions of Man,* New York 1964.

—

John von Neumann: *Theory of Self-Reproducing Automata,* hrsg. von A.W. Burks, Urbana 1966.

—

Lewis Mumford: *Der Mythos der Maschine,* Frankfurt am Main 1984. Original: *The Myth of the Machine,* Volume 1: Technics and Human Development (1967); Volume II: *The Pentagon of Power* (1970); deutsche Erstausgabe: Wien 1974.

—

Robert Venturi; Denise Scott Brown und Steven Izenour: *Learning from Las Vegas,* Cambrige/Mass. 1972; deutsche Erstausgabe: *Lernen von Las Vegas. Zur Ikonographie und Architektursymbolik der Geschäftsstadt,* 1979.

—

Wolfgang Kemp: *«Disegno. Beiträge zur Geschichte des Begriffs zwischen 1547 und 1607»,* in: *Marburger Jahrbuch für Kunstwissenschaft,* Band XIX, Marburg 1974, S. 219–240.

—

Samuel Y.Edgerton Jr.: *The Renaissance Rediscovery of Linear Perspective*, New York 1975.

—

Henri Lefebvre: «Annullierung der ‹Erkenntnistheorie› – Simulierung und Simulacrum», in: *Metaphilosophie*, Frankfurt am Main 1975, S. 210–218.

—

Jean Baudrillard: *Der symbolische Tausch und der Tod* (1976)[1], München 1982.

—

Herbert A. Simon: *Models of Thought*, Dordrecht 1977.

—

Jean Baudrillard: *Agonie des Realen*, Berlin 1978.

—

Nelson Goodman: *Ways of Worldmaking*, Indianapolis/Cambridge 1978.

—

Bernard Tschumi: *The Manhattan transcripts*, New York 1981.

—

Jean Baudrillard: *Simulacres et simulation*, Paris 1981. Englische Ausgabe: *Simulacra and Simulation*, Michigan 1995.

—

«Architektur und Technisches Denken», in: *Daidalos Berlin Architectural Journal*, Ausgabe 18, Berlin 1983.

—

Vilém Flusser: *Ins Universum der technischen Bilder* (1985), Göttingen [4]1992.

—

Sybille Krämer: *Symbolische Maschinen. Die Idee der Formalisierung in geschichtlichem Abriß*, Darmstadt 1988.

—

Ars Electronica (Hrsg.): *Philosophien der neuen Technologie*, Berlin 1989.

—

Hans Blumenberg: *Höhlenausgänge*, Frankfurt 1989.

—

Herbert A. Simon: *Die Wissenschaften vom Künstlichen*, Berlin 1990.

—

Digitaler Schein. Ästhetik der elektronischen Medien, hrsg. von Florian Rötzer, Frankfurt am Main 1991.

—

Rolf Haubl: *«Unter lauter Spiegelbildern...». Zur Kulturgeschichte des Spiegels*, 2 Bde., Frankfurt 1991.

—

Sybille Krämer: *Berechenbare Vernunft. Kalkül und Rationalismus im 17. Jahrhundert*, Berlin, New York 1991.

—

Strategien des Scheins. Kunst-Computer-Medien, hrsg. von Florian Rötzer und Peter Weibel, München 1991.

—

Bernhard Hölz: *Tractatus poetico-philosophicus: Über Simulation*, Essen 1991.

—

Norbert Bolz: *Die Welt als Chaos und Simulation*, München 1992.

—

Bernhard Dotzler: «Simulation», in: *Ästhetische Grundbegriffe. Historisches Wörterbuch*, Band 5, Stuttgart, Weimar 1992ff., S. 509–535.

—

Friedrich Kittler: *Draculas Vermächtnis. Technische Schriften*, Leipzig 1993.

—

Valentin Braitenberg und Inga Hosp: *Simulation. Computer zwischen Experiment und Theorie*, Reinbeck 1995.

—

Illusion und Simulation – Begegnung mit der Realität, hrsg. von Stefan Iglhaut, Florian Rötzer, Elisabeth Schweeger, Ostfildern 1995.

—

Ernst Cassirer: *Symbol, Technik, Sprache*, hrsg. von Ernst Wolfgang Orth und John Michael Krois, Hamburg 1995.

—

Teresa Castelão-Lawless: «Phenomenotechnique in historical perspective: Its origins and implications for philosophy of science», in: *Philosophy of Science,* 62, Chicago 1995.

—

Sarah Chaplin: «Cyberspace – lingering on the threshold. Architecture, Post-modernism and Difference», in: *AD* Bd. 65, Nr. 11/12, London 1995.

—

Christopher Langton: *Artificial Life: An Overview,* Cambridge 1995.
Werner Rammert (Hrsg.): *Soziologie und Künstliche Intelligenz. Produkte und Probleme einer Hochtechnologie,* Frankfurt, New York 1995.

—

Hans Blumenberg: *Wirklichkeiten, in denen wir leben,* Stuttgart 1996.

—

Brigitte Felderer: *Wunschmaschine Welterfindung. Eine Geschichte der Technikvisionen seit dem 18. Jahrhundert,* Wien, New York 1996.

—

Peter Galison: «Computer Simulations and the Trading Zone», in: *The Disunity of Science. Boundaries, Contexts and Power,* hrsg. von Peter Galison und D.J. Stump, Stanford 1996, S. 118–157.

—

Nils Röller: «Simulation», in: *Historisches Wörterbuch der Philosophie,* Bd. 9, Basel 1996, S. 795–798.

—

Walther Zimmerli: *Braunschweiger Texte,* Hildesheim 1997.

—

Isabelle Stengers: «Das Subjekt und das Objekt», in: Dies.: *Die Erfindung der modernen Wissenschaften,* Frankfurt am Main 1997, S. 201–213.

—

Andreas Kablitz und Gerhard Neumann (Hrsg.): *Mimesis und Simulation,* Litterae, Band 52, Freiburg im Breisgau 1998.

—

Norbert Bolz: *Eine kurze Geschichte des Scheins,* Paderborn 1998.

—

Medien – Computer –Realität. Wirklichkeitsvorstellungen und Neue Medien, hrsg. von Sybille Krämer, Frankfurt 1998.

—

Jean Baudrillard: *Illusionen ohne Ende,* Köln 1998.

—

Thomas P. Flint: «Omniscience», in: *Routlege Encyclopedia of Philosophy,* Bd. 7, hrsg. von Edward Craig, New York 1998, S.107–112.

—

Thomas Metscher: «Mimesis», in: *Enzyklopädie der Philosophie,* Hamburg 1999, S. 845.

—

Jacques Ferber: *Multi-agent Systems. An Introduction to Distributed Artificial Intelligence,* London 1999.

—

Ichiro Sunagawa: Growth and Morphology of Crystals, in: *Forma,* Bd. 14, 1999.

—

Gerhard Gamm: «Technik als Medium. Grundlinien einer Philosophie der Technik», in: Ders.: *Nicht nichts,* Frankfurt am Main 2000, S. 275–287.

—

Lily E.Kay: *Das Buch des Lebens. Wer schrieb den genetischen Code?,* Frankfurt am Main 2000.

—

Warren McCulloch: *Verkörperungen des Geistes,* Wien 2000.

—

Werner Jung: *Von der Mimesis zur Simulation. Eine Einführung in die Geschichte der Ästhetik,* Berlin 2000.

—

General Circulation Model Development, Past Present and Future. The Proceedings of a Symposium in Honor of Akio Arakawa, hrsg. von David A. Randall, New York 2000.

—

Vom Realismus der Bilder, hrsg. von Klaus Rehkämper und Klaus Sachs-Hombach, Magdeburg 2000.

—

Systems, Experts, and Computers. The Systems Approach in Management and Engineering, World War II and After, hrsg. von Agatha C. Hughes und Thomas P. Hughes, Cambridge/MA, London 2000.

—

Manfred Stöckler: «On Modeling and Simulations as Instruments for the Study of Complex Systems», in: *Science at Century's End. Philosophical Questions on the Progress and Limits of Science,* hrsg. von Martin Carrier, Gerald Massey, Laura Ruetsche, Pittsburgh 2000, S. 355–373.

—

Nicola Suthor: «Mimesis (Bildende Kunst)», in: *Historisches Wörterbuch der Rhetorik,* Band 5, hrsg. von Gerd Ueding, Tübingen 2001.

—

Andreas Lepik, «Mies und die Photomontage, 1910–38», in: *Mies in Berlin. Ludwig Mies van der Rohe. Die Berliner Jahre 1907–1938,* [Ausstellungskatalog New York/Berlin] München u.a. 2001/2002, S. 324–329.

—

Manuel Castells: *Das Informationszeitalter 1. Die Netzwerkgesellschaft,* Opladen 2001.
Contemporary Techniques in Architecture. Architectural Design AD, hrsg. von Ali Rahim, London 2002.

—

Ali Malkawi und Godfried Augenbroe: *Advanced Building Simulation,* New York 2003.
Evelyn F. Keller: «Models, Simulation, and Computer Experiments», in: *The Philosophy of Scientific Experimentation,* hrsg. von H. Radder, Pittsburgh 2003, S. 198–215.

—

Bernhard Siegert: *Passagen des Digitalen. Zeichenpraktiken der neuzeitlichen Wissenschaften 1500–1900,* Berlin 2003.

—

Valeska Von Rosen: «Nachahmung», in: *Metzler Lexikon Kunstwissenschaften. Ideen, Methoden, Begriffe,* hrsg. von Ulrich Pfisterer, Darmstadt, 2003, S. 240–244.

—

Paul Humphreys: *Extending ourselves. Computational Science, empiricism and scientific method,* Oxford, New York 2004.

—

Gabriele Gramelsberger: «Simulation als Kreativitätspraktik. Wissenschaftliche Simulation als Experimentalsysteme für Theorien», in: *Kreativität: Sektionsbeiträge, XX. Deutscher Kongress für Philosophie*, hrsg. von Günter Abel, Berlin 26.– 30. September 2005, Band 1, S. 435–45.

—

Gabriele Gramelsberger: «Die Verschriftlichung der Wissenschaft. Simulation als semiotische Rekonstruktion wissenschaftlicher Objekte», in: *Kulturtechnik Schrift: Graphé zwischen Bild und Maschine,* hrsg. von Gernot Grube, Werner Kogge, Sybille Krämer, Stuttgart 2005, S. 439–452.

—

Christoph Hubig: *Die Kunst des Möglichen I. Technikphilosophie als Reflexion der Medialität,* Bielefeld 2006.

—

Giorgio Vasari: *Einführung in die Künste der Architektur, Bildhauerei und Malerei,* hrsg. von Matteo Burioni und Sabine Feser, Berlin 2006.

—

Tomás Maldonado: *Digitale Welt und Gestaltung. Ausgewählte Schriften,* hrsg. von Gui Bonsiepe, Zürich und Basel, Boston, Berlin 2007.

—

Simulation. Pragmatic Constructions of Reality (Sociology of the Sciences Yearbook), hrsg. von Johannes Lenhard, Günter Küppers, Terry Shinn, Wien, New York 2007.

—

Georg Vrachliotis: «Der Sprung vom linearen ins kalkulatorische Bewusstsein. Evolutionäre Denkmodelle und Architektur», in: *Precisions. Architecture between Art and Sciences – Architektur zwischen Kunst und Wissenschaft,* hrsg. von Ákos Morávanszky und Ole W. Fischer, Berlin 2008, S. 232–262.

—

Die Transformation des Humanen. Beiträge zur Kulturgeschichte der Kybernetik, Michael Hagner und Erich Hörl, Frankfurt am Main 2008.

ABBILDUNGSNACHWEIS

Hänsli

Abb. 1 aus: Joachim von Sandrart: *Teutsche Academie der Bau- Bildhauer- und Maler-Kunst,* Bd. 3/2, Fol. C., Nürnberg 1774, ETH-Bibliothek Zürich, Alte Drucke.

Abb. 2 Quelle: Ernst H. Grombrich: *Die Geschichte der Kunst,* London [16]1995.

Abb. 3 Quelle: *The Complete Woodcuts of Albrecht Dürer,* hrsg. von Willi Kurth, New York 1963.

Abb. 4 Quelle: *Andrea Pozzo,* hrsg. von Alberta Battisti, Mailand 1996.

Abb. 5 Foto: Margita Wickenhäuser, Mannheim.

Gleiniger

Abb. 1 Quelle: El Lissitzky: *Proun und Wolkenbügel, Schriften, Briefe, Dokumente,* hrsg. von Sophie Lissitzky-Küppers, Dresden 1977.

Abb. 2 Quelle: Erich Mendelsohn: *Amerika, Bilderbuch eines Architekten,* Berlin 1926, S. 44.

Abb. 3 Quelle: Robert Venturi, Denise Scott Brown und Steven Izenour: *Learning from Las Vegas,* überarbeitete Ausgabe: *The Forgotten Symbolism of Architectural Form,* Fotocollage, S. 63; ©1977 Massachusetts Institute of Technology, mit freundlicher Genehmigung der MIT Press.

Abb. 4 Quelle: *Toyo Ito,* mit Beiträgen von Charles Jencks und Irmtraud Schaarschmidt-Richter, Berlin 1995, S. 88.

Abb. 5 Quelle: *Pavilion, by Experiments in Art and Technology,* hrsg. von Billy Klüver, Julie Martin und Barbara Rose, New York 1972, S. 122.

Abb. 6 Quelle: *Pavilion, by Experiments in Art and Technology,* hrsg. von Billy Klüver, Julie Martin und Barbara Rose, New York 1972, S. 87.

Abb. 7 Quelle: *Nature Design: von Inspiration zu Innovation,* hrsg. von Angeli Sachs, mit Essays von Barry Bergdoll, Dario Gamboni und Philip Ursprung, Baden 2007, S. 66.

Vrachliotis

Abb. 1–2 Quelle: Professur Hovestadt, Computer-Aided Architectural Design, ETH Zürich, 2007.

Abb. 3 Quelle: Konrad Wachsmann, *Wendepunkt im Bauen,* Wiesbaden [2]1962, S. 93.

Abb. 4 Quelle: Konrad Wachsmann: *Wendepunkt im Bauen* (Nachdruck der 1959 publizierten Originalausgabe), Wiesbaden 1962.

Abb. 5 Quelle: Fritz Haller: *totale stadt – ein globales modell,* Olten 1968, S. 104.

Abb. 6 Quelle: John von Neumann: *Essays on Cellular Automata,* hrsg. von Arthur W. Burks, Urbana 1970, S. 519.

Abb. 7 Quelle: Przemyslaw Prusinkiewicz und Aristid Lindenmayer: *The Algorithmic Beauty of Plants,* Wien 1990, S. 161.

Abb. 8 Quelle: Steven Levy: *Artificial Life: A report from the Frontier Where Computers Meet Biology,* New York 1992, S. 216. © 1992 Stephen Wolfram.

BIOGRAFIEN DER AUTORINNEN UND AUTOREN

—

Andrea Gleiniger

Kunst- und Architekturhistorikerin. Seit 2007 Dozentin Zürcher Hochschule der Künste, Schwerpunkt Geschichte und Theorie des Raumes/Szenografie. Studium der Kunstgeschichte, vergl. Literaturwissenschaft und Archäologie in Bonn und Marburg; 1988 Promotion im Fach Kunstgeschichte mit einer Arbeit über städtebauliche Leitbilder in Großsiedlungen der Nachkriegszeit, 1983–93 Kuratorin am Deutschen Architektur Museum in Frankfurt/Main; seit 1983 Lehraufträge und Gastprofessuren an Hochschulen in Karlsruhe, Stuttgart und Zürich. 2002–07 Lehre und Forschung an der ETH Zürich/Professur für CAAD. Publizistische Tätigkeit vor allem im Bereich Architektur, Städtebau, Kunst und neue Medien im 20. Jahrhundert.

—

Gabriele Gramelsberger

Seit 2004 Wissenschaftliche Mitarbeiterin am Institut für Philosophie an der FU Berlin. Studium der Philosophie, Politikwissenschaften und Psychologie in Berlin und Augsburg. Stipendiatin des Departments für Theorie/Philosophie an der Jan van Eyck Akademie, Maastricht. Promotion in Philosophie an der Freien Universität Berlin mit einer wissenschaftsphilosophischen Arbeit zur numerischen Simulation und Visualisierung. Ausgewählte Publikationen: *Computersimulationen in den Wissenschaften. Neue Instrumente der Erkenntnisproduktion, Explorationsstudie,* Berlin 2004.

—

Thomas Hänsli

Seit 2003 Oberassistent am Lehrstuhl für Kunst- und Architekturgeschichte von Prof. Dr. Werner Oechslin, Institut Geschichte und Theorie der Architektur (gta), ETH Zürich. Studium der Musik, Architektur und Kunstgeschichte in Zürich, Diplom in Architektur, ETH Zürich 1993, Wissenschaftlicher Mitarbeiter verschiedener Forschungsprojekte im Bereich moderner Schweizer Architektur und Geschichte der Architekturtheorie, zuletzt am Projekt *Architekturtheorie im deutschsprachigen Kulturraum. 1486 bis 1618/48.* Forschungs- und Lehrtätigkeit sowie Publikationen im Bereich der Geschichte der Architekturtheorie und der Kunst und Architektur der frühen Neuzeit.

—

Erich Hörl

Seit 2007 Juniorprofessor für Medientechnik und Medienphilosophie an der Ruhr-Universität Bochum und Leitung des internationalen Bochumer Kolloquium Medienwissenschaft (bkm): Untersuchung der technisch-medialen Bedingung. Studium der Philosophie in Wien und Paris, Promotion in Kulturwissenschaft an der Humboldt-Universität zu Berlin. 2004–06 Assistenz für Technikphilosophie an der Professur für Philosophie der ETH Zürich. Ausgewählte Publikationen: *Die heiligen Kanäle. Historisch-epistemologische Untersuchungen zur archaischen Illusion der Kommunikation,* Zürich, Berlin 2005; *Transformation des Humanen. Beiträge zur Kulturgeschichte der Kybernetik,* hrsg. zus. mit Michael Hagner, Frankfurt am Main 2008.

—

Nils Röller

Medientheoretiker und Autor. Seit 2003 Dozent für Medien- und Kulturtheorie am Studienbereich Neue Medien der Hochschule für Gestaltung und Kunst Zürich, Mitglied der Studienbereichsleitung Mediale Künste. Studium der Philosophie, Italianistik und Medienwissenschaften an der Freien Universität Berlin; 1995–99 künstlerisch-wissenschaftlicher Mitarbeiter an der Kunsthochschule für Medien in Köln; 1996–99 Konzeption und Leitung (mit Siegfried Zielinski) des Festivals Digitale; 2001 Promotion an der Bauhaus-Universität Weimar über Hermann Weyl und Ernst Cassirer; seit 2001 projektgebundene Mitarbeit (DFG) am Vilém Flusser Archiv der Kunsthochschule für Medien Köln; 2002 Stipendiat des Instituts für Grundlagenforschung des ZKM; 2007 Werkbeitrag für Literatur des Kantons Zürich. Ausgewählte Publikationen: *Ahabs Steuer – Navigationen zwischen Kunst und Wissenschaft,* Berlin 2005; «Simulation», in: *Historisches Wörterbuch der Philosophie,* Bd. 9, Basel 1996.

—

Georg Vrachliotis

Seit 2004 Wissenschaftlicher Mitarbeiter für Architektur- und Techniktheorie an der Professur Hovestadt für Computer-Aided Architectural Design (CAAD) des Departements Architektur der ETH Zürich. Studium der Architektur, Studien in Philosophie und Wissenschaftsgeschichte. Forschungsaufenthalte an der Universität Bremen, der Universität Freiburg und der University of California at Berkeley. Kernbereich Architektur und Technisches Denken im 20. Jahrhundert. Aktuelle Forschungsschwerpunkte sind Architektur und Kybernetik sowie Denken in Systemen: Zur Philosophie der Konstruktion bei Fritz Haller. 2007 Gründung des Forschungsschwerpunktes Techniktheorie an der ETH, Professur Hovestadt (zusammen mit Oliver Schürer, Technische Universität Wien). Seit 2006 Lehrauftrag für Architekturtheorie am Institut für Architekturtheorie der Technischen Universität Wien.